黄河國家治理文獻集成（清代卷）第三十五册
《黄河國家治理文獻集成》編委會　編

總第五十一册

河工器具圖説

（清）麟慶　纂輯
董杰　編

内蒙古出版集團
内蒙古人民出版社

圖書在版編目（CIP）數據

河工器具圖説 /（清）麟慶纂輯 ；董杰編. -- 呼和浩特 : 内蒙古人民出版社，2025. 8. --（黄河國家治理文獻集成）. -- ISBN 978-7-204-18453-8

Ⅰ. TV882

中國國家版本館 CIP 數據核字第 2025TJ2276 號

河工器具圖説

（清）麟慶　纂輯

編　　者　董　杰
策劃編輯　王　瑶
責任編輯　王　瑶
裝幀設計　劉那日蘇　吉　雅　安立新
責任監印　包鐵柱
出版發行　内蒙古出版集團　内蒙古人民出版社
地　　址　呼和浩特市新城區中山東路 8 號波士名人國際 B 座 5 層
網　　址　http://www.impph.cn
印　　刷　内蒙古愛信達教育印務有限責任公司
開　　本　880mm × 1230mm　1/16
印　　張　22.75
字　　數　260 千
版　　次　2025 年 8 月第 1 版
印　　次　2025 年 8 月第 1 次印刷
印　　數　1—1000 册
書　　號　ISBN 978-7-204-18453-8
定　　價　188.00 元

編纂委員會

引言

千古河流成沃野，幾年沙勢自風湍。

得益于黄河冲積所帶來的疏松土質和有機物，中華先民利用石製工具開始了農業生産，并逐步發展出旱地粟作農業，『能够最大程度保障食物供給的穩定性，奠定了中華文明起源和形成的堅實基礎』〔一〕。而利用河水灌溉，提高區域可預測農業産量，『在産業史上起着最有决定性的作用』〔二〕。隨後，技術進步、經濟發展、人口增加，讓先民的文化生活大爲豐富。嚴文明先生評價道：『這是一場影響深遠的革命。』〔三〕在這場革命中，平衡水、沙、産、人四者之間的關係，始終是黄河治理的核心問題。四者關係一旦失衡，就容易引發諸多灾患。

歷史上，黄河下游因人口稠密、經濟發達，一直是學術界關注的重點。但自河源至今内蒙古托克托縣河口鎮的黄河上、中游區域，雖遠離王畿，人口稀疏，却也一直備受關注，人們逐步認識到黄河全流域治理是國家的重要任務。《漢書》載：『堤防之作，近起戰國，雍防百川，各以自利。』〔四〕没有全流域的協同治理，僅靠各地分段築堤，則黄河河患無法解决。秦建立了中國歷史上第一個中央集權大一統王朝，秦始皇東巡碣石，刻石銘記『决通川防，夷去險阻』〔五〕，開啓中央政府調動各要素治黄之先河，這『在中國，實質上是國家的一種職能』〔六〕。同時，國家通過對黄河的有效治理，爲沿黄流域人民群衆乃至其他地區人民群衆提供了重要的公共物品和産業支撑，成爲人民群衆眼中中央政府的功過評價指標之一。因此，治黄在增强沿黄各族群國家、政治、文化認同的基礎上，强化了中國大一統國家的合法性，成爲歷代國家治理能力的一個重要測度。

一、黄河治理維護了國家的社會穩定

從秦并六國到漢朝建立大一統國家，中國統一的多民族國家形成并得到初步發展。當時中央政府對所轄疆域有『北邊郡』和『内郡』之稱。内蒙古額濟納旗出土的居延漢簡有載，『貇（墾）田以鐵器爲本北邊郡毋鐵官印器内郡令郡以時博賣予細民毋令豪富吏民得多取販賣細民』，可以看出北邊郡是與内郡相對應的行政管轄區域。《史記》卷二十八『封禪書第六』載：『上乃遂去，並（并）海上，北至碣石，巡自遼西，歷北邊至九原。』〔七〕。《史記》卷三十『平準書第八』載：『天子北至朔方，東到太山，巡海上，並（并）北邊以歸。』〔八〕司馬遷多次提及北邊，足見統治者對北邊治理的重視。

漢武帝時，齊人延年提出從今内蒙古引黄河水經今北京一帶，向東注入渤海，以衛北部邊疆。『是時方事匈奴，興功利，言便宜者甚衆。齊人延年上書言：「河出昆侖，經中國，注勃海，是其地勢西北高而東南下也。可案圖書，觀地形，令水工準高下，開大河上領，出之胡中，東注之海。如此，關東長無水災（灾），北邊不憂匈奴，可以省隄（堤）防備塞，士卒轉輸，胡寇侵盜（盗），覆軍殺將，暴骨原野之患。天下常備匈奴而不憂百越者，以其水絶壤斷也。此功壹（一）成，萬世大利。」』〔九〕《史記》卷二十四『樂書第二』載：『天馬來兮從西極，經萬里兮歸有德。承靈威兮降外國，涉流沙兮四夷服。』〔十〕如今，包頭地區出土了『四夷盡服』瓦當，出土文物與傳世文獻的呼應，成爲黄河治理維護祖國北部邊疆穩定的見證。

《史記》卷三十『平準書第八』載：『嚴助、朱買臣等招來東甌，事兩越，江淮之閒（間）蕭然煩費矣。唐蒙、司馬相如開路西南夷，鑿山通道千餘里，以廣巴蜀，巴蜀之民罷焉。彭吳（吴）賈滅朝鮮，置滄海之郡，則燕齊之閒（間）靡然發動。及王恢設謀馬邑，匈奴絶和親，侵擾北邊，兵連而不解，天下苦其勞，而干戈日滋。』〔十一〕清代《汾陽縣志》卷十三『藝文』收録曹學閔《開修黄蘆嶺車路紀德政碑記》，上載：『永寧州，界連西陲，北達邊外歸綏諸路，商賈遠貿粟麥，泛皮船隨黄流南下，聚于州西磧口，一府之民仰利賴焉。而東至太原，南抵平陽，州縣凡二十餘，亦視汾爲橐籥，蓋所繫非特一方生計矣。』〔十二〕民國時期，東北淪陷後，開發西北刻不容緩，而『黄河中游之水利，自應加以擴充及整理，藉（借）收桑榆之效，以挽狂瀾於（于）萬一』〔十三〕。

因黄河流域自然條件優越，歷朝歷代都十分重視對此地的開發，通過强有力的國家干預方式推動各類產業的發展，爲中國北部疆域的形成和社會穩定奠定了基礎。

二、民族交往、物資交流、技術轉移促成黄河治理共同體

《史記》卷十五『六國年表第三』載：秦始皇三十三年（前214），『築長城河上，蒙恬將三十萬』〔十四〕。這數十萬人中，擁有一技之長的人員不在少數。由此，邊地人口不斷增多，而豐富的物產則促進了商品交流與統一市場的形成。西漢《鹽鐵論·力耕第二》記録了『异物内流』的情形：『是以贏（騾）驢馲駞（駝），銜尾入塞，驒騱騵馬，盡爲我畜，鼲鼦狐貉，采旃文罽，充於（于）内府，而璧玉珊瑚瑠（琉）璃，咸爲國之寶。』〔十五〕此後，黄河北岸的『贏（騾）驢馲駞（駝）』『驒騱騵馬』『鼲鼦狐貉』『采旃文罽』與西南織錦、中原麻織、農作物等物資相互交流，逐步形成統一的國内大市場，加强了邊疆與其他地區的經濟聯繫，促進了邊疆特色産業的發展。

隨着民族交往交流交融的增强，清代以降，黄河流域内蒙古段輸入到内地的也不僅僅是『异寶』了。《綏遠通志稿·水路》載：『自乾隆以還。口外墾殖日廣。民殷物阜。出境之油、糧、鹽、鹼（碱）、甘草各貨。入境之日用雜貨。山西與歸綏往來之商運。凡經河路者皆以托屬河口爲唯一之碼頭。』〔十六〕從清乾隆年間到民國時期，由内蒙古經黄河運到山西的貨物有糧、油、鹽、碱、藥材、皮毛等，其中以糧油爲最大宗。糧食品種主要有糜黍、穀子、高粱、豆類及玉米、大小麥

等，油料主要是胡麻。內蒙古供貨支綫有從阿拉善盟阿拉善左旗吉蘭泰鹽池到山西吕梁市磧口鎮的運鹽駝路，五原縣、臨河區一帶各大幹渠的運糧水道，杭錦旗、達拉特旗的甘草馱運綫，鄂托克旗的運碱駝路。內蒙古段各條支綫以供貨爲主，山西段若干支綫以運銷爲主。

《臨縣志》載：『清朝乾隆至民國年間，陝、甘、綏、蒙等地的物資，通過此航綫運達磧口，再用牲口馱運到離石、吴城，轉運至東路（汾、平、介、孝等縣）。據民國 20 年（1931）統計，每年從綏遠磴口航至磧口的貨船不下 4000 餘艘』，『是陝、甘、綏、寧與晋西北物資集散之重鎮』。〔十七〕可見，內蒙古在甘肅、寧夏與陝西、山西等沿黄上下游物資交易中起到了重要的聯結作用；同時也吸引了山西、陝北、河北、山東、甘肅等地的農民遷移至此，并將開渠打壩、引水澆地等農業生産技術、手工技術和商業貿易經營方式帶到這裏。他們在此扎根，除了從事農業生産外，還挖甘草、下窑背炭、在黄河上拉船、在沙漠中拉駱駝、打短工放冬羊、開碾磨油坊，等等。不同地域、不同民族的人們合力修築河渠、引水興業，逐漸形成休戚與共的共同體。其間積纍的産品交易、商業管理、社會治理等方面的經驗，在今天依然有借鑒意義。

清代『首重治河，探河源以窮水患』〔十八〕，但更深層次的考量是『宣揚大一統及增强國家認同』〔十九〕。黄河流域人口基數大、分布廣，而全流域治理理念將不同地區、不同民族的人們凝聚成命運共同體，而『大一統』理念正是這一治理實踐的核心主題。

三、黄河流域拓展了中國的發展空間

早期統治者因巡幸及邊防建設所需，統籌管理沿黄河運與秦直道等沿黄馬道，維持着中央政府對北邊的有效治理。河套平原引黄渠道的建設爲秦漢王朝屯田事業提供了基本的水利保證，并將這些區域變成防禦北部邊患的大後方與根據地。于是，沿黄馬道、沿黄河運與萬里茶道、草原絲路等陸路運輸聯通起來，促進了中華文明與其他文明的交流互鑒，拓展了新的發展空間。

新中國成立之後，沿黄各族兒女在中國共産黨的領導下團結合作、艱苦奮鬥，實現了大河安瀾。黄河流域建立起行之有效的防洪抗汛機制，支撑着沿岸的産業發展，改善了周邊生態環境。當代治黄史證明，正是由于中國共産黨的正確領導以及集中力量辦大事的制度優勢，纔從根本上减輕了河患的威脅。進入新時代，黄河流域在築牢安瀾根基的同時，以蓬勃活力拓展着中國的發展空間。沿黄九省區在協同發展中不斷釋放潛力，讓黄河流域成爲國家區域協調發展戰略中不可或缺的重要一極，爲中國的發展源源不斷地注入新動能。

綜上所述，黄河流域的治理不是單純的河道治理、生態環境治理或社會治理，而是一種關涉水、沙、産、人四者關係的系統性、協同性治理，是推動國家可持續發展的動力，也是厘清國家治理與邊疆治理兩者動態交互實際效果的絶佳視角。而黄河工程等『中國本土理論資源、學術積纍』〔二十〕，有助于研究國家治理的演進歷程。進入新時代，黃河治理與國家治理的關係研究不斷開闢新視角、持續涌現新成果，其中鑄牢中華民族共同體意識、邊疆治理與黃河流域生態保護和高質量發展成爲非常重要的研究視角。因此，基于這一角度搜集整理黃河國家治理文獻，意義重大。《黃河國家治理文獻集成》，應運而生。

本叢書系統梳理了黃河治理的歷史脉絡與經驗，既爲新時代黃河流域生態保護和高質量發展提供了歷史鏡鑒，更以文獻爲載體，傳承了治理智慧、凝聚了民族力量，是服務國家發展戰略、鑄牢中華民族共同體意識的重要學術實踐。

《黃河國家治理文獻集成》編委會

二〇二五年一月

〔一〕韓建業：《中華文明的起源和形成》，載《中華民族共同體研究》2022 年第 4 期，第 80-91+172 頁。

〔二〕中共中央馬克思恩格斯列寧斯大林著作編譯局：《馬克思恩格斯選集》第二卷，人民出版社，2014 年，第 240 頁。

〔三〕嚴文明：《黃河流域文明的發祥與發展》，載《華夏考古》1997 年第 1 期，第 49-54+113 頁。

〔四〕（漢）班固：《漢書》卷二十九『溝洫志第九』，中華書局，1964年，第1692頁。

〔五〕（漢）司馬遷：《史記》卷六『秦始皇本紀第六』，中華書局，1963年，第252頁。

〔六〕冀朝鼎：《中國歷史上的基本經濟區與水利事業的發展》，朱詩鰲譯，中國社會科學出版社，1981年，第7頁。

〔七〕（漢）司馬遷：《史記》卷二十八『封禪書第六』，中華書局，1963年，第1398–1399頁。

〔八〕（漢）司馬遷：《史記》卷三十『平準書第八』，中華書局，1963年，第1441頁。

〔九〕（漢）班固：《漢書》卷二十九『溝洫志第九』，中華書局，1964年，第1686頁。

〔十〕（漢）司馬遷：《史記》卷二十四『樂書第二』，中華書局，1963年，第1178頁。

〔十一〕（漢）司馬遷：《史記》卷三十『平準書第八』，中華書局，1963年，第1420–1421頁。

〔十二〕（清）方家駒修，（清）王文員纂：《汾陽縣志》卷十三『藝文』，清光緒十年刻本，第57–58頁。

〔十三〕王華棠、劉錫彤、吳樹德：《黄河中游調查報告》，華北水利委員會編印，1934年，第1頁。

〔十四〕（漢）司馬遷：《史記》卷十五『六國年表第三』，中華書局，1963年，第758頁。

〔十五〕王利器：《鹽鐵論校注》，中華書局，1992年，第28頁。

〔十六〕綏遠通志館：《綏遠通志稿》第十册，内蒙古人民出版社，2007年，第176頁。

〔十七〕臨縣志編纂委員會：《臨縣志》，海潮出版社，1994年，第273、321頁。

〔十八〕趙爾巽等：《清史稿》卷一二六『河渠一』，中華書局，1977年，第3715頁。

〔十九〕劉惠：《乾隆朝重構黄河河源的實踐與國家認同》，載《清華大學學報》（哲學社會科學版）2018年2期，第147–154+195頁。

〔二十〕許耀桐：《當代中國『治理』概念的演進探析》，載《國家現代化建設研究》2023年3期，第100–111頁。

出版前言

黄河，中華民族的母親河，她不僅孕育了中華文明，更見證了中華民族數千年的發展歷程。習近平總書記深刻指出：『從某種意義上講，中華民族治理黄河的歷史也是一部治國史。』這一重要論述，爲新時代黄河文化的保護傳承以及流域治理提供了根本遵循，也深刻揭示了黄河治理在國家發展和民族復興進程中的核心地位。在學習貫徹習近平新時代中國特色社會主義思想，積極響應國家黄河流域生態保護和高質量發展重大戰略，大力推進北疆文化建設的背景下，《黄河國家治理文獻集成》的編纂出版，具有重要的歷史意義、學術價值與現實指導意義。

黄河治理，自古以來就是國家的頭等大事。從遠古時期大禹治水，到當代運用科學技術進行系統治理，中華民族在數千年的時間裏，積纍了豐富的治河經驗，留下了浩如烟海的文獻遺産。《黄河國家治理文獻集成》收録了元代至民國時期古籍、朱批奏摺、期刊圖片等多模態文獻資源。這些文獻内容豐富、維度多元，既包含記載河工技術、治理方略等的專書，又有漢文朱批奏摺、工程檔案以及不同區域的調查研究報告等。民國時期的文獻則標志着現代水利科學開始融入黄河治理，展現了我國水利事業在時代變革中的創新與發展。近代照片的收録則以更加直觀的方式將黄河治理、黄河沿岸的風貌呈現給讀者。

該文獻的出版，不僅是對瀕危黄河文化遺産的及時搶救與保護，更是對我國水利史、國家治理史、邊疆治理研究學術鏈條的重要補充，具有較高的文獻價值和學術意義。尤爲重要的是，這一集成工作，深度契合鑄牢中華民族共同體意識這一全黨全國各族人民的共同任務。各民族在治理黄河的歷史進程中，緊密協作、共同探索，這些珍貴文獻便是各民族交往交流交融和中華文明認同的生動見證。對這些文獻進行整理出版，能够讓各族人民更加深刻地認識到，在歷史長河中，各民族共同爲黄河治理貢獻了力量，共同守護了家園，從而進一步增强對中華民族共同體的認同感與歸屬感，夯實鑄牢中華民族共同體意識的歷史根基。

《黄河國家治理文獻集成》以『國家治理』爲核心綫索，構建起一個全面、系統、多維的文獻體系：在時間跨度上，聚焦從元代至民國這一傳統治河向現代水利轉型的歷史時期，爲深入研究我國水利事業的發展脉絡提供了清晰的時間坐標；在内容分類上，細緻劃分爲技術專著、工程檔案、區域研究、朱批奏摺、科學報告、圖片等類别，涵蓋黄河治理的各個方面，從不同角度展現了我國在黄河治理上的探索與實踐；在版本選擇上，秉持嚴謹、科學的態度，確保文獻内容的準確性與代表性，爲學術研究奠定堅實基礎。

在編纂過程中，叢書特别注重『全流域治理』的理念，不僅收録了有關下游防洪治河的重要文獻，還涵蓋了中游地區水土保持以及上游地區灌溉開發等方面的珍貴記載。這種對黄河全流域治理的全方位關注，與當前『共同抓好大保護，協同推進大治理』的要求高度契合，充分體現了叢書在傳承歷史文化遺産的同時，緊密服務于當代國家發展戰略的時代價值。

在出版過程中，嚴格保持原書的版式與行款，最大程度地還原文獻原貌。對于部分出現黴變、殘缺的頁面，運用先進的數字化修復技術進行精心處理，在保留原始批注與印章痕迹的基礎上，兼顧了文物的真實性與文獻的可讀性。

此外，爲了更好地服務讀者，方便學術研究，本叢書新增了目録、提要等内容，這些新增部分由編委會精心撰寫。新增目録一般編製二級，個别圖書編製三級；原書有目録而内文無對應標題的，根據原書目録照録；原書目録爲關鍵詞或者其他情况的不編製目録；原書目録與内文不一致的，以原書内文爲準；原書無目録的，按卷端、版心或其他部分輯録；一册書中收録多種圖書的，以書名爲一級標題，編製二或三級。在文字使用上，統一使用現代漢語規範繁體字，對于原版文獻中的异體字、避諱字也使用現代規範繁體字，無對應規範繁體字的保留原字。

《黄河國家治理文獻集成》的出版，是對黄河文化遺産的一次系統性、搶救性保護，具有重大而深遠的現實意義：從學術價值層面來看，叢書成功構建起一座連接傳統與現代治黄文獻的橋梁，爲黄河流域生態保護、水利工程史、國家治理史、邊疆治理、中華民族共同體學等多個領域的學術研究提供了豐富、翔實的基礎文獻，有力推動了相關學科的發展與創新；從文化價值角度而言，生動展現了北疆文化與黄河文化在歷史長河中的交融共生，爲内蒙古『北疆文化』品牌建設提供了堅實的文獻支撑，進一步豐富了中華文化的内涵與外延；從實踐價值方面考量，書中所藴含的治河理念爲我們在新時代背景下實現人與自然和諧共生、推動黄河流域可持續發展提供了寶貴的歷史經驗與智慧啓示。

在此，我們要衷心感謝各藏書機構的大力支持，正是他們提供了珍貴底本資源，纔使得本叢書的編纂出版成爲可能。同時，我們也要向文化遺産智能應用服務中華民族共同體建設『英才與蒙』團隊致以崇高的敬意，他們歷經五年的辛勤耕耘，以嚴謹的治學態度和專業的學術素養，對文獻進行了系統的整理和輯録，爲叢書的内容質量提供了堅實保障。此外，我們還要特别感謝内蒙古自治區黨委宣傳部、内蒙古出版集團將本叢書納入『北疆文庫』重點項目，并在出版過程中給予全方位支持與幫助。

我們衷心期待，這套凝聚着無數心血與智慧的《黄河國家治理文獻集成》，能够在新時代的『黄河大合唱』中奏響歷史的强音，爲黄河流域生態保護和高質量發展注入强大的歷史動力，讓黄河文化在保護中傳承，在傳承中創新，在創新中不斷發展，綻放出更加絢爛的光彩。同時，希望這套叢書能够成爲促進各民族文化交流、鑄牢中華民族共同體意識的重要載體，助力各民族更加緊密地團結在一起，共同爲實現中華民族偉大復興的中國夢而努力奮鬥，讓中華民族共同體意識在黄河文化的滋養下，扎根于每一位中華兒女的心中，成爲推動中華民族不斷前進的强大精神力量。

提要

《河工器具圖説》的著者是麟慶（1791—1846），完顔氏，字見亭，滿洲鑲黄旗人。清嘉慶十四年進士。著有《黄運河口古今圖説》《河工器具圖説》等。

該書詳細記載清代治理黄河工程所用的各類器具，系統梳理了河工器具的名稱、形制、功能及操作方法，并輔以精細插圖。本書所記載的器具包括宣防類、修浚類、搶護類、儲備類器具。在宣防器具方面，記載了水平、簞繩等器具；修浚器具部分，詳述了鐵鍬、水車、木犁等器具；搶護器具方面，重點介紹了埽工、木龍等器具；儲備器具方面，介紹了條船、人字架等器具。本書展現了清代河工器具的多樣性與專業性。

《河工器具圖説》的每種器具均配有名稱、構造圖解及使用説明，部分條目還附有製作工藝和改良記録。書中插圖爲木刻版畫，綫條清晰，細節精准。

目録

卷二　修浚器具

卷三　搶護器具

卷四　儲備器具

道光丙申鐫

河工器具圖說

雲蔭堂藏板

河工器具圖說序

嘗聞形上者道形下者器器非特各適其用而已通乎器之爲用而道該焉審乎道之所存而器具焉水火金木土穀日用行習之道即日用行習之器道離乎器則不行器離乎道則不明一物一名何莫非至理之所寓哉道光乙酉春麟慶

仰蒙

恩擢分巡梁宋諸名郡繭絲之政繁而保障之責尤重竊以爲聰聽祖彝習聞庭訓近復歷守新安潁川二郡於治譜尚有稟承而於河防則茫無門徑恒惴惴焉時懼勿克勝任爰陳治河諸書博觀約取周歷工所互證參稽親歷十有五汛安瀾

幸報已丑冬改官豫臬尋晉黔藩巡撫楚北癸巳秋仲奉
命承乏南河洪湖運道工險政繁海口江防地廣任重每莅一工治一事率循成案謹愼宣防凡遇幕僚將佐練達河務者不憚虛衷延訪越今三載而後知古今殊勢執陳說不足以圖功也南北異宜就一隅不足以定論也且夫古之治河者大禹尚矣厥後始於賈讓詳於賈魯大備於潘季馴至我
朝靳文襄公攬全河於在握萃羣策以成謀筆之於書陳之於牘大言炎炎百餘年來宣防修守罔有出其範圍於此而欲逞私智而掠美言不幾貽續貂之誚乎顧孔子云欲善其事先利其器嘗於祁寒暑雨周歷河壖每遇一器必詳問而深

考之有專爲乎工而别立主名者有不專爲乎工而修而兼用者有類於古而實剏自今者有宜於今而無異乎古者其稱名也小其利用也緐日積月累緝爲一編雖未能小物不遺而於工需似已苟完麤備於是繪圖以倚其象立説以推其原庶使覽者援古証今循名責實通乎器之爲用而道於以該審乎道之所存而器於以具若以爲補前人之所未逮則吾豈敢

道光十有六年歲在丙申春三月長白麟慶自敘於南河節署行所無事之軒

河工器具圖說　序　二

河工器具圖說

長白麟 慶見亭纂輯

總目

河工器具圖説　總目

一

河工器具圖說

長白麟慶見亭纂輯

卷一 宣防器具

旗杆

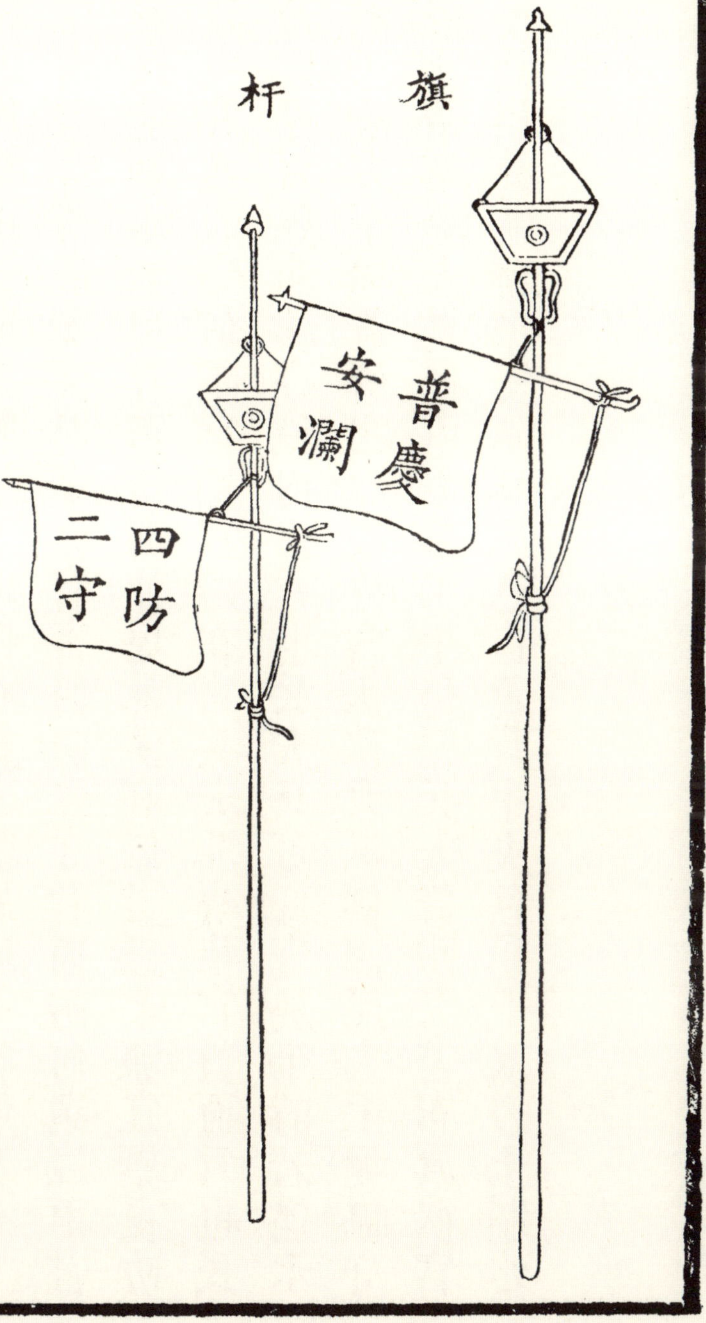

釋名旗期也言與衆期於下也以布爲之懸於堤上各堡及有工處所大書普慶安瀾四字亦有書四防二守者四防何謂風雨晝夜風能刷水汕堤宜護雨則沖堤淋溝宜修晝恐水漲宜禦夜防盜決宜巡二守何謂官民官乃在官兵夫非專指官員而言也民乃近堤百姓非統合境內而言也兵夫只可修守於平時若遇水漲工險方下埽簽樁之匆暇故當伏秋大汛例調民夫上堤協守俗所謂站堤夫是也迨水落工平仍歸兵夫修防大書布旗欲官民共相警勉務保安瀾耳旗色尙黃黃中央色屬土取以土制水之義

誌椿

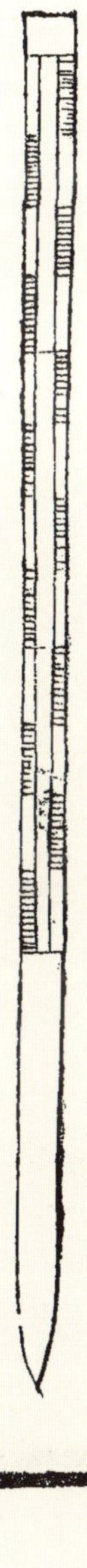

說文樁橛杙誌記誌誌樁之製刻劃丈尺所以測量河水之消長也樁有大小之別大者安設有工之處約長三四丈較準尺寸註明入土出水丈尺小者長丈餘設於各堡門前以備漫灘水抵堤根兵夫查報尺寸古人取諸身曰指尺取諸物曰黍尺隋時始用木尺誌樁所由昉乎

相風烏

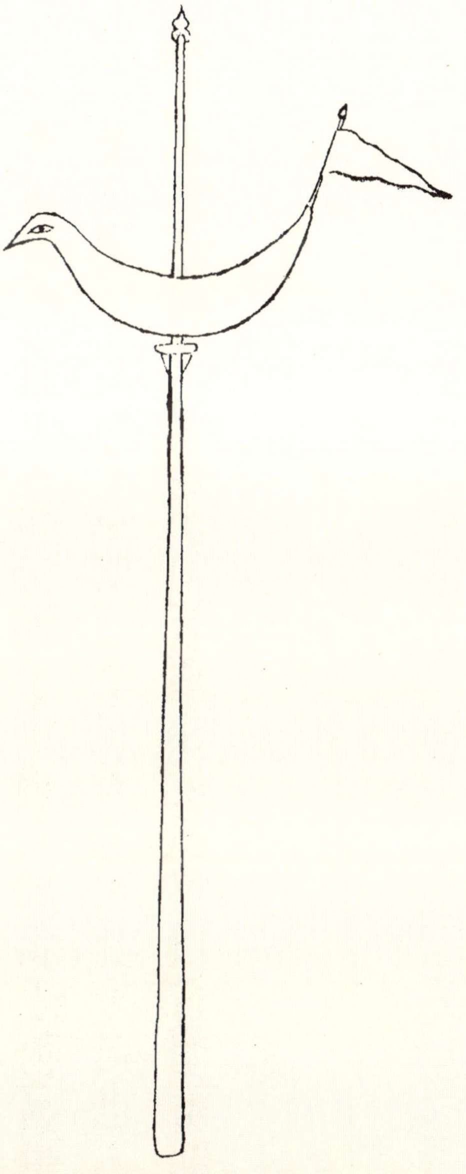

刻木象烏形尾插小旗立於長竿之杪或屋頭四面可以旋轉如風自南來則烏向南而旗脚向北潛居錄巴陵烏不畏人除夕婦女各取一隻以米果食之明旦各以五色縷繫於鴉頸放之相其方向卜一歲吉凶占驗甚多大畧云鴉子東興女紅鴉子西喜事臨鴉子南利桑蠶鴉子北織作息取以驗風蓋亦相其方向也不獨工次爲然凡築堤廂埽運料挑河皆須相度風色以占晴雨則烏又可少哉

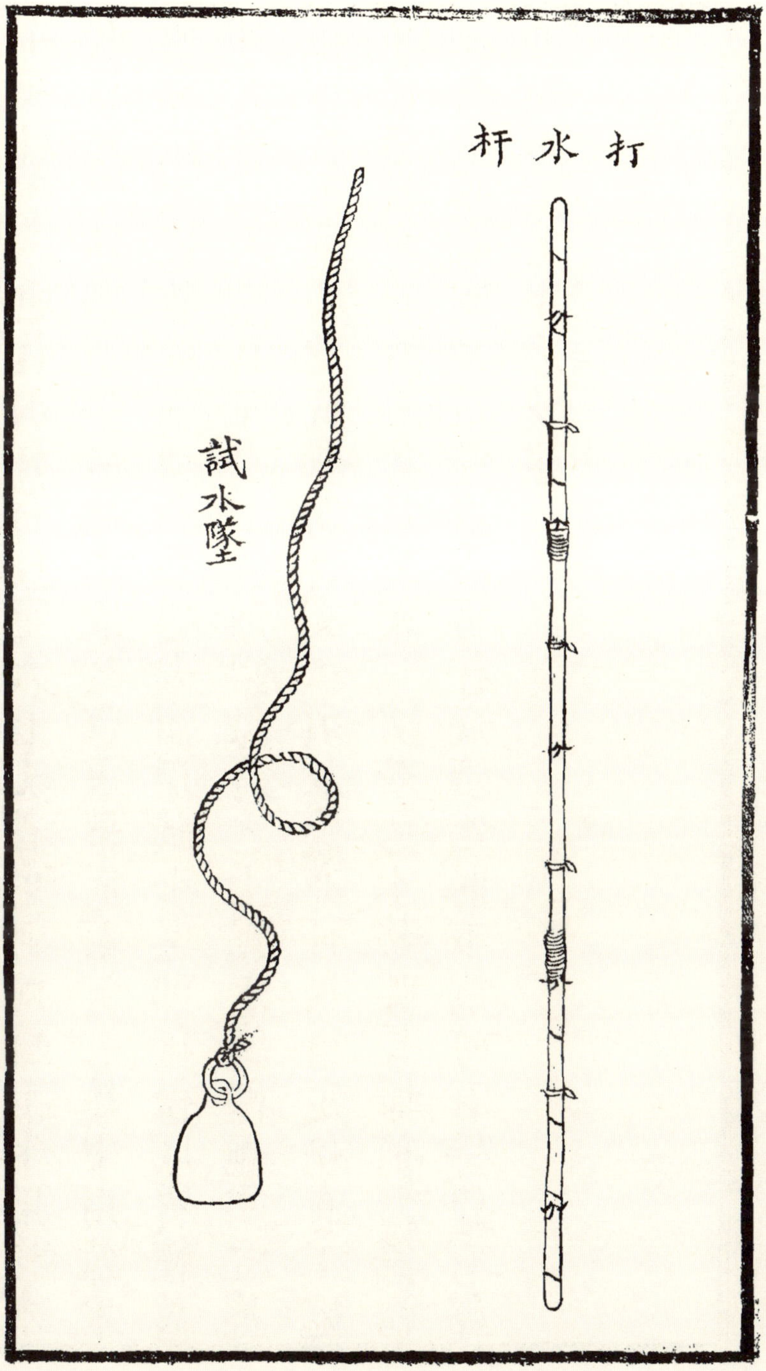
河工器具圖說　卷一　宣防
打水杆
試水墜

正額杆僵木也打水杆有長至六七丈者東河兩鑲上半用杉木取其輕浮易舉下半用榆木取其沉重落底南河三鑲中用雜木兩頭接束以竹取攜便利然遇大溜探試少遲即難得底質輕故耳又有試水墜其墜重十餘觔鎔鉛爲之上繫水綫椶繩爲之葢鉛性善下垂必及底雖深百丈衹須放綫亦可探得定例有工處所派目兵專司打水每日具報三次若遇水勢陡長埽前溜急淘深更須隨時測量以備搶護再杆底鑲鐵則下觸碎石錚錚有聲亦驗水底石工之法也

算盤

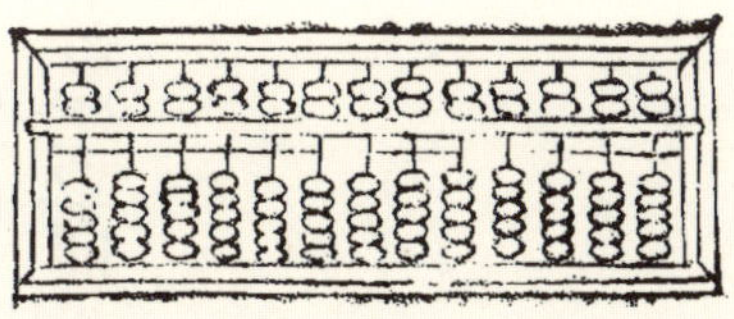

儀禮無算爵無算樂註算數也物原黄帝使隸首作算數得下籌之法周公作九章詳明算法爲制算盤之始清異錄宣武劉錢民也鑄鐵爲算子今則削木爲之每盤算子上二下五取象七政用之乘除億萬不爽爲會計所必需而河工估核工料尤爲要具

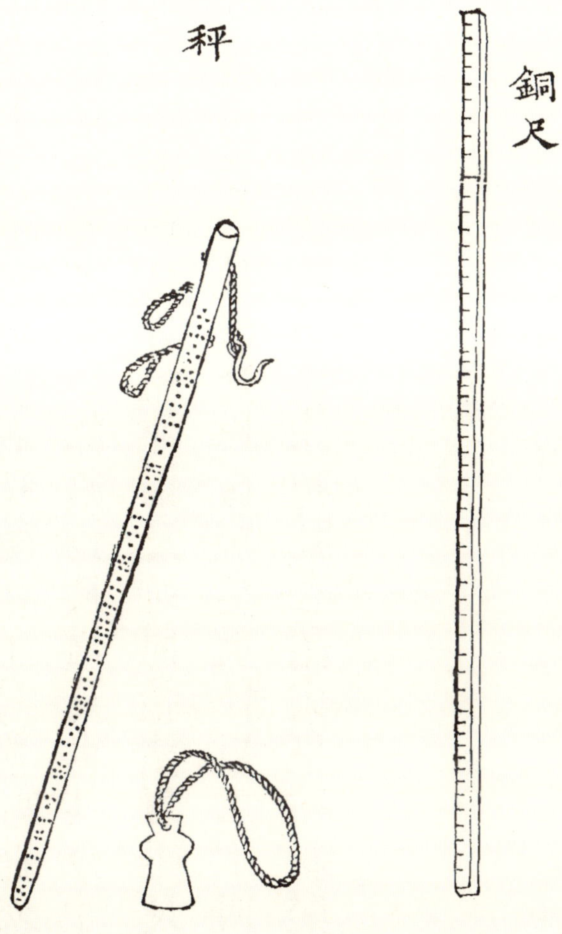
秤
銅尺

孟子曰權然後知輕重度然後知長短漢律歷志權者銖兩斤鈞石度者分寸尺丈引也司河防者稱物估工烏能離此然尺有夏商周之别稱有京浙廣之分今部頒銅尺周尺也其分寸與漢劉歆銅斛尺後漢建武銅尺晉祖沖銅尺竝同較諸晉玉尺隋木尺後周鐵尺及現用之工尺漕尺均微短矣至秤以二十四銖爲兩十六兩爲觔較諸京法稍增廣法稍减合諸宋皇祐新樂圖所載銖稱無異實浙法爾

河工器具圖説 卷一 宣防 七

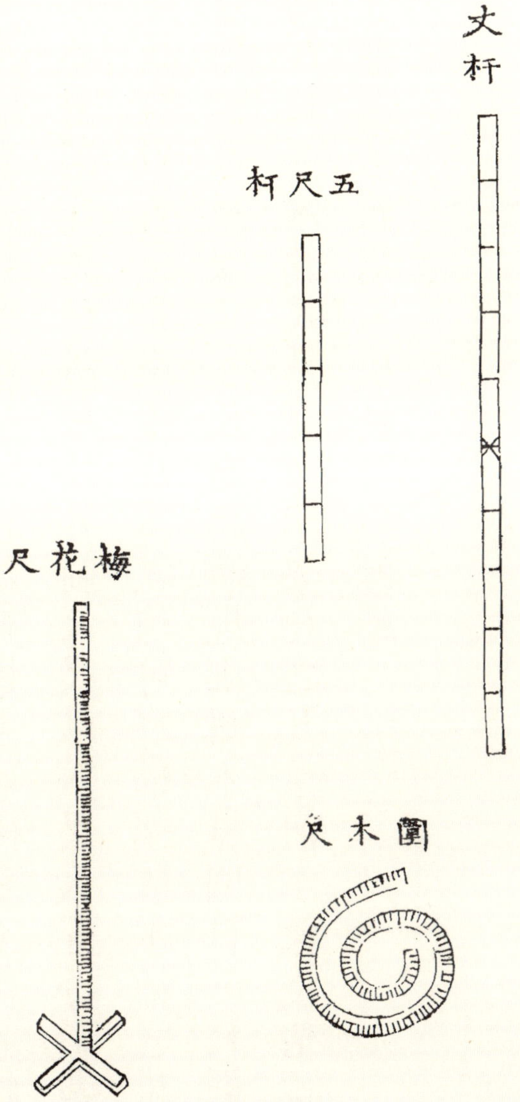

傳疑錄度起於黃鐘之長後世十寸謂之尺十尺謂之丈凡公私所度皆以丈計矣丈杆五尺杆爲查量土埽磚石工程並收料垜石方必需之具又有圜木尺其制每尺較銅尺大五分較裁尺小三分其質以竹篾熟皮籐條爲之均可專備圜收木植之用俗例龍泉碼離木鼻關口五尺圍起漕規碼離木鼻關口三尺圍起又有梅花尺刻木爲尺足用十字架托之凡量河水深淺估挑引渠用此探試不致陷入底淤可以較準

簟繩

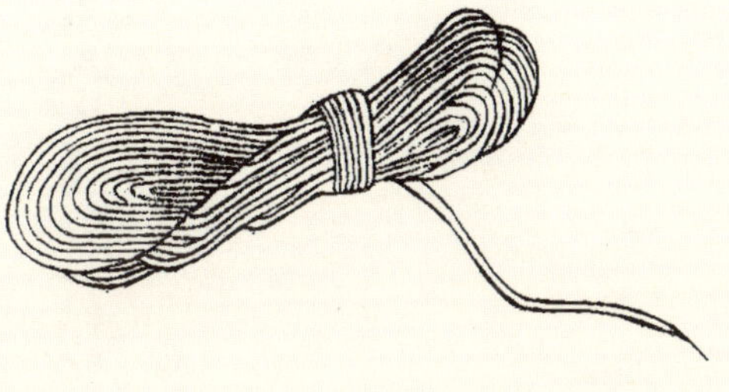

黃福安南日記篾縴索演繁露杜詩舟行多用百丈問之蜀人云水峻岸石又多廉棱若用索牽遇石輒斷不耐久故擘竹爲大辮以麻索連貫其際以爲牽具是名百丈百丈言其長也近時多以絨線結成而總名曰篾繩凡量堤估工必拉篾以視高卑長短用時須隨大杆均高等具

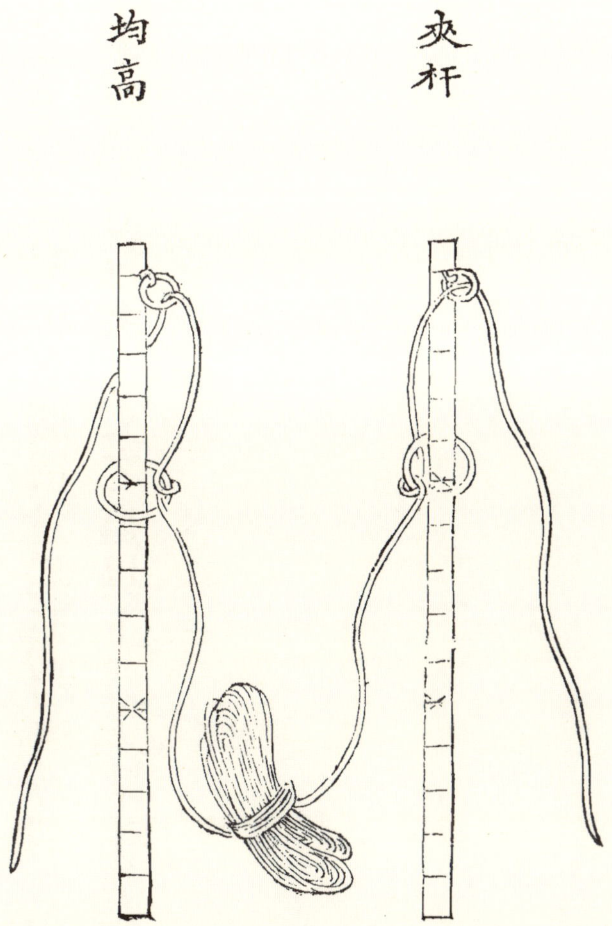
夾杆
均高

夾杆均高一物二名對以峙之故曰夾齊以一之故曰均長二三丈刻劃尺寸上釘鐵圈中有腰圈量堤時將杆分列於南北兩堤若堤高一丈將腰圈拉至一丈之處堤上兵夫踏住篾繩以視高矮

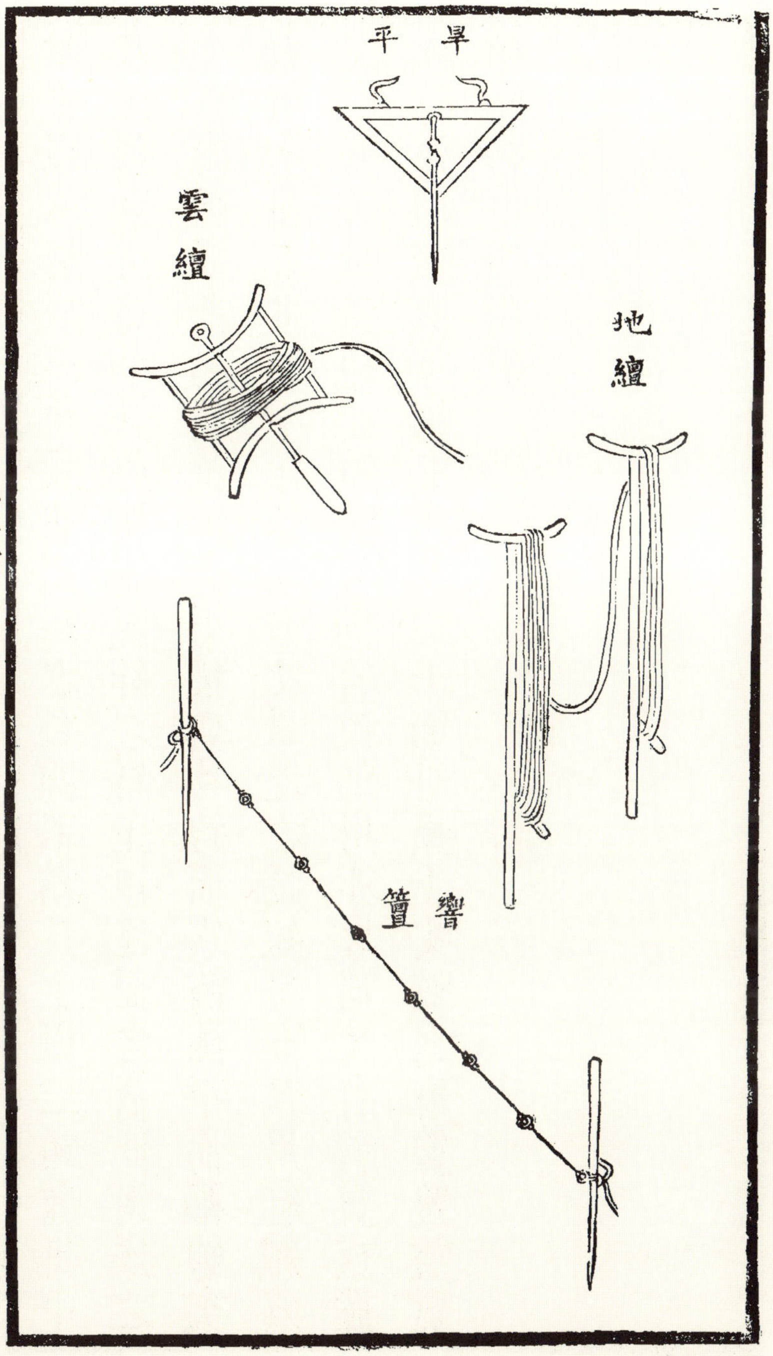
旱平
雲纏
地纏
響簟

旱平以木製成三角式或銅爲之長闊不滿尺上以二鈎備掛中有活銅針用時平掛於簟繩視針之斜正知地面之高低河底之平窪傳疑錄衡起於黃鐘之平權與物鈞而爲衡衡平而權鈞矣衡以準曲直也旱平類是地簟丈量堤之長短每五尺用紅絨爲記二人拉量遠觀便知數目雲簟稍細用亦畧同又有響簟或籐或竹連以鐵圈每節五尺共二十節計長十丈較之麻簟篾簟質稍堅結用則相同

水平

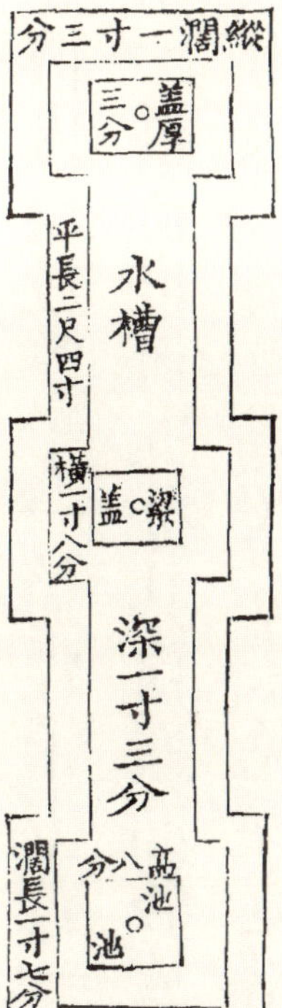

水平之制用堅木長二尺四五寸或長四五尺厚五寸寬六寸中間留長三寸兩邊鑿槽各寬八分餘寬七分以作外框兩頭各留長三寸亦鑿槽寬八分通身槽深二寸周圍一律相通再於中央鑿池一方寬長各二寸深二寸左右各添鑿一槽其寬深與通身槽同便於放水通連槽內須放浮子一箇浮子方長一寸五分厚六分面安小圓木柄一根高出面五分其兩頭亦各放浮子一箇寬長均與中央同惟兩頭之槽僅寬八分未免浮寬槽窄必得於兩頭適中之處開二方池照中央寬深尺寸名曰三池用時置清水於槽內三浮自起驗浮柄頂平則地亦平如有高下卽不平矣但用在五六丈之內尤準若多貪丈尺轉屬無益

大小號旗

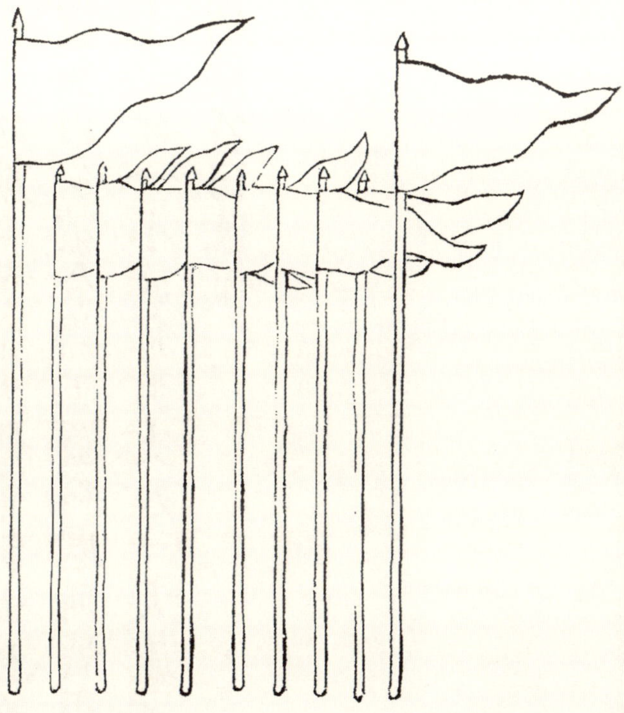

世說軍中聽號令必至牙旗之下山堂肆考大將之旗曰牙取其爲國爪牙也太白陰經蚩尤建旂幟黃帝內傳帝制五彩旗指顧向背防河等於防秋非旗無以示號令辦工買料處所皆用之又挑河築堤分叚丈量每十丈建一小旗每百丈建一大旗示兵夫有所遵守自無舛錯之患故名曰號旗

牌坊

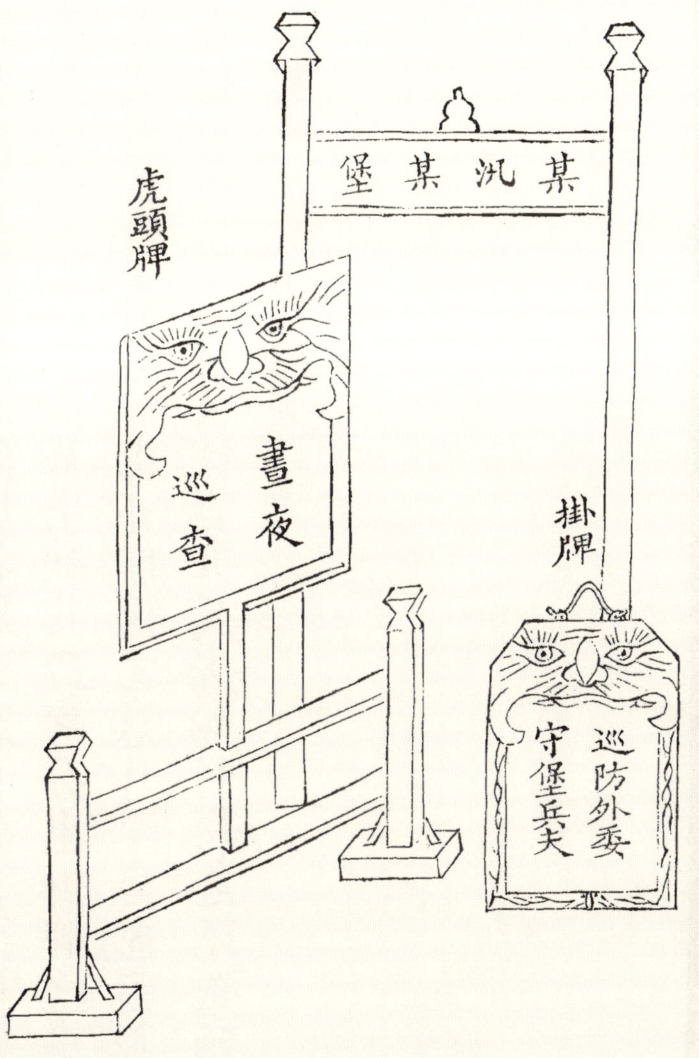

周禮天官職幣以書楬之疏云謂府各爲一牌書知善惡價數多少謂之楬然則牌坊之書某汎某堡欲其段落分也掛牌之書巡防外委兵夫花名欲其責成專也亦即楬之意耳至於虎頭牌之書晝夜巡查列於堡房之側又欲官弁兵夫觸目警心不敢稍有疏懈謂徒設觀瞻失其本意矣

大小牌籤

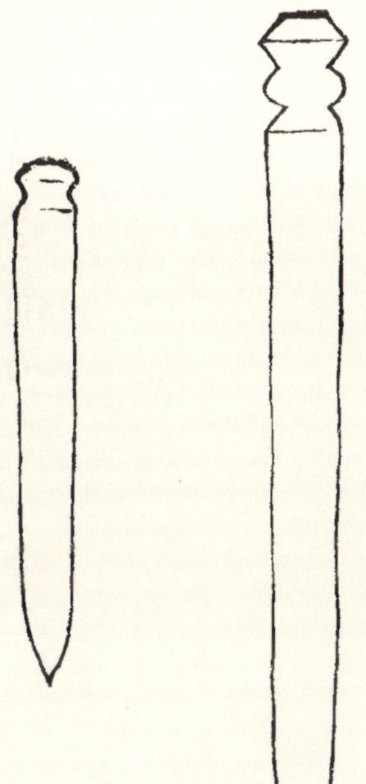

大小牌籤木板削成尺寸不拘上施白油粉籤頭塗硃有工之處標寫埽壩丈尺段落無工之處載明堤高灘面灘高水面並堡房離河丈尺即築土工亦可以籤分工頭工尾註寫原估丈尺説文籤驗也銳也籤之用與籤之式皆備矣

銅鑼

正字通鑼築銅爲之形如盆大者聲揚小者聲殺樂書有銅鑼自後魏宣武以後有銅鈸鈔鑼六書故今之金聲用於軍旅者河上凡捲埽廂工亦鳴此以齊人力而夜間巡查揪頭等繩埽上人夫與夫巡更堵漏悉以此爲號令定例每堡各設兩面有工之處不拘多寡

錢櫃

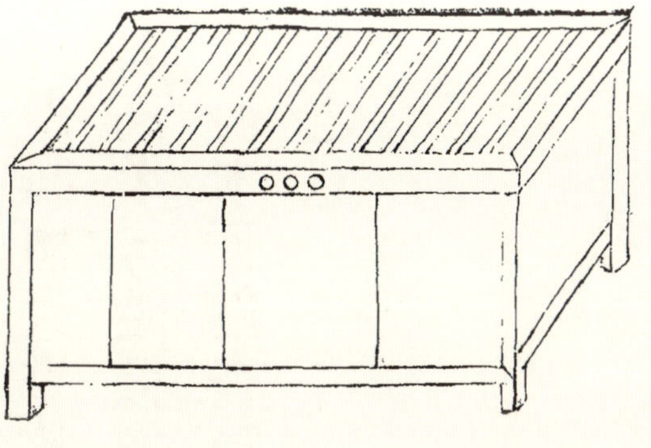

櫃即櫝也夏后謂之櫝周始謂之櫃書納册於金縢之匱太史公自序紬史記石室金匱之書韓子楚人賣珠於鄭爲木蘭之櫃杜陽雜編唐武宗會昌初渤海貢馬腦櫃六書故今通以藏器之大者爲匱次爲匣小爲櫝伏秋大汛堡房設櫃例貯防險錢十貫以備堵漏等用交兵夫收管上有刪木可以查驗而不可以探取於備防堤工之中復寓慎重經費之意

循環籤

韻會循環謂旋繞往來史記高帝紀三王之道若循環終而復始籤之命名本此與大小牌籤不同彼或標記段落或載明高低丈尺或做工時分別首尾其用止而不遷茲則環往循返循去環來梭織巡防用加慎密有周流無滯之義焉

布棚

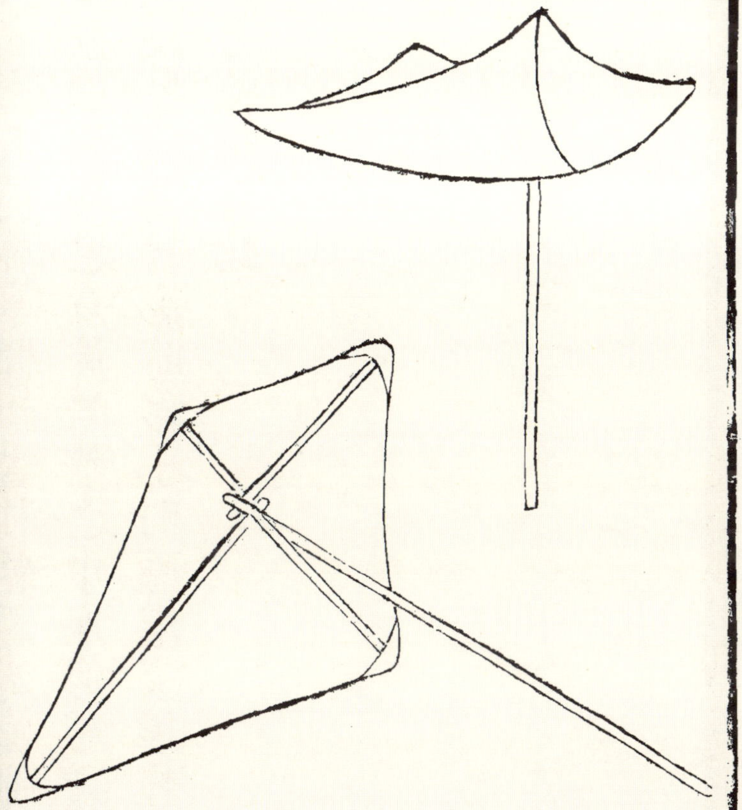

開元遺事唐時長安富人於林亭間植畫柱結綵爲涼棚閒坐其下名曰避暑會布棚卽涼棚之意於酷熱之中廂修埽段司事者用以遮陽逭暑顧長堤無薄日影時移小則隨處支撐輕則便於攜帶逈非林亭內之涼棚可比

席擡棚

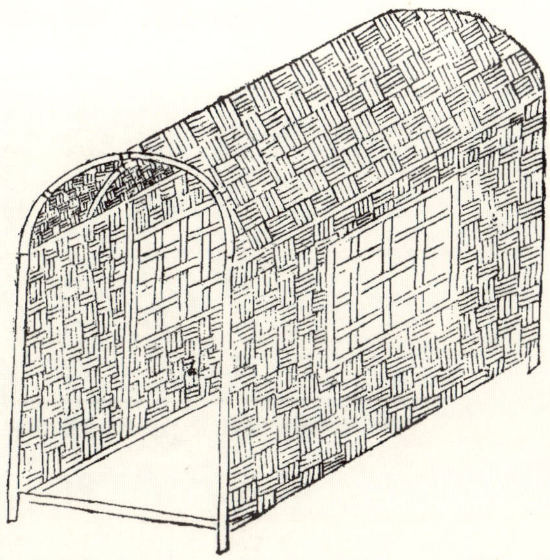

集韻圜屋爲庵搭棚以蓆象其形而製之風雨廂工堡房距遠藉此聊以藏身且廂埽迄無定所搭棚可以隨行虎苑饒王徐知諤嘗遊秋山除地爲廣場編虎皮爲大帷率僚屬會其下號曰虎帳天寶遺事長安貴家子弟每至春時遊宴供帳於園圃中隨行載以油幕或遇陰雨以幕覆之盡歡而歸二者可以類推

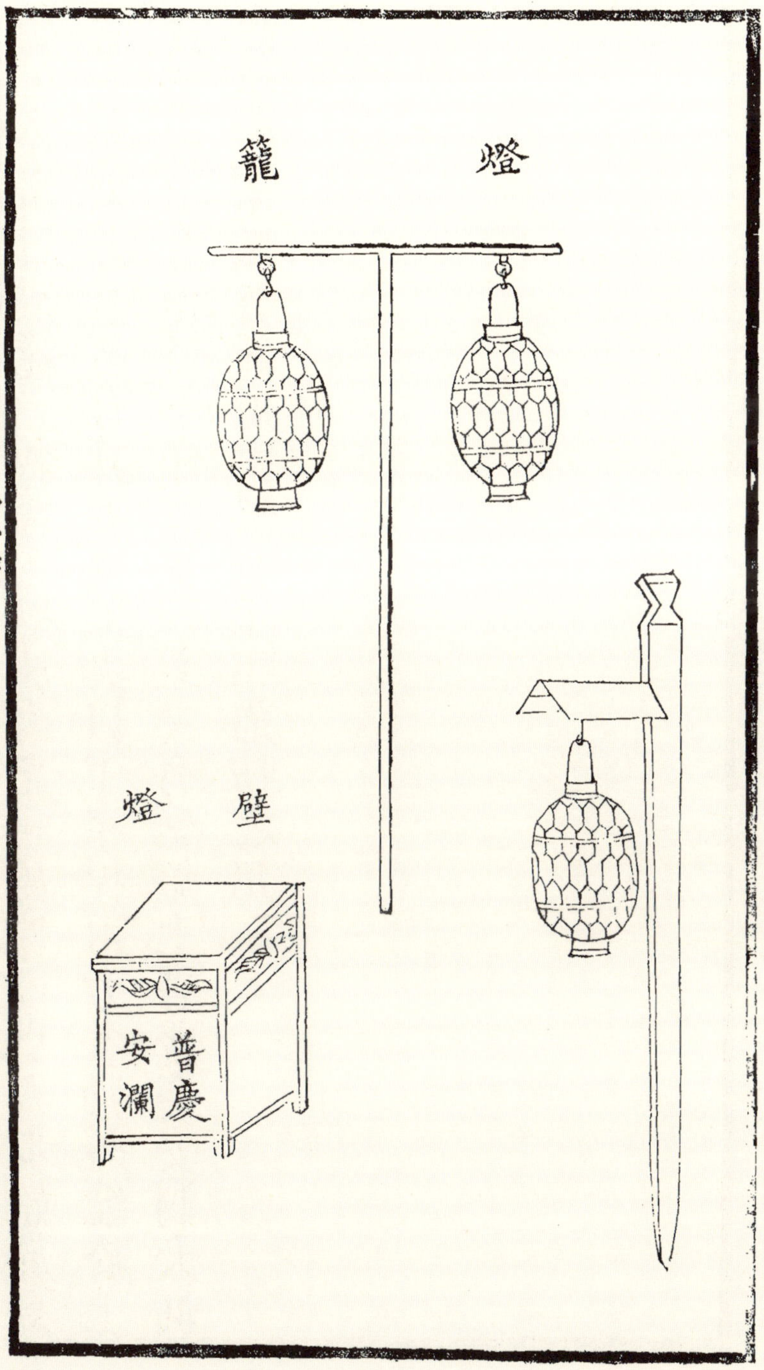
燈籠
壁燈
普慶
安瀾

物原徐廣曰燈籠一名篝燭燃於內光映於外以引人步始於夏時沈約宋書高祖有葛燈籠工㳄以丁字桿兩旁各懸燈籠於上或獨桿上有雨搭下懸燈籠一盞又有壁燈上書普慶安瀾大汛時通宵不滅皆備風雨黑夜上下巡防之用

火把

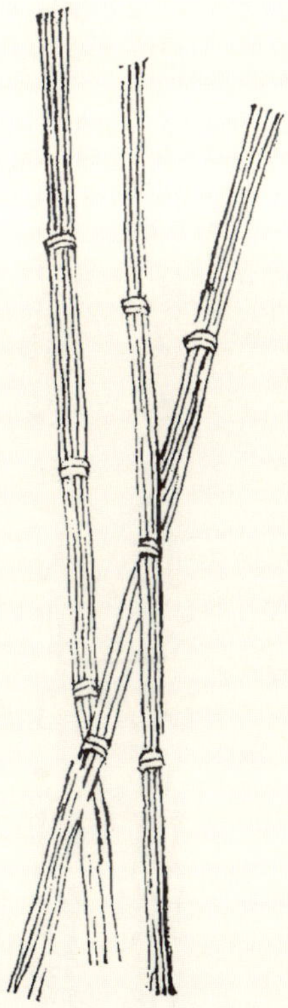

古無火把之名說文苣束葦燒也又曰苣火祓也荊楚歲時記正月末日夜蘆苣火照井厠中百鬼走又吳中風俗除夜村落間以禿帚若麻䕸竹枝等燃火炬縛於長竿之杪以照田爛然遍野以祈絲穀莊子逍遥遊日月出矣而爝火不息呂氏春秋湯得伊尹祓之於廟爝以爟火釁以犧豭即今之火把南方以竹爲之北方多用稭束黑夜廂工雖有燈籠不及火把之光可以照遠

雨傘

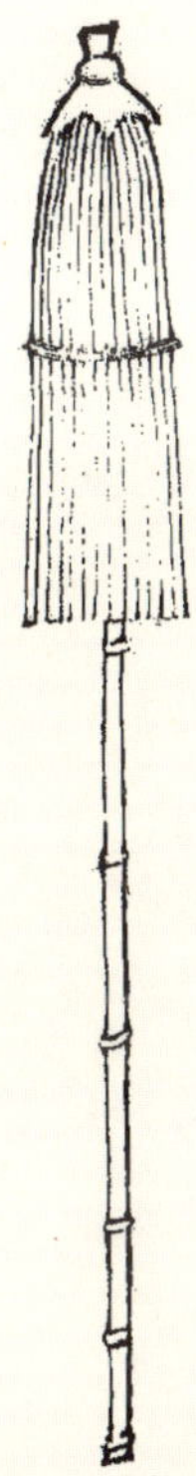

玉屑元魏之時魏人以竹碎分并油紙造成傘便於步行又曰魯班之妻所造清異錄江南周則少賤以造雨傘爲業其後戚連椒閤後主戲封爲高密侯事林廣記六韜曰天雨不張蓋幔通俗文曰張帛避雨謂之繖當陰雨之時堤身埽段尤當晝夜巡查非此無以避雨在工者所必需也

蓑衣

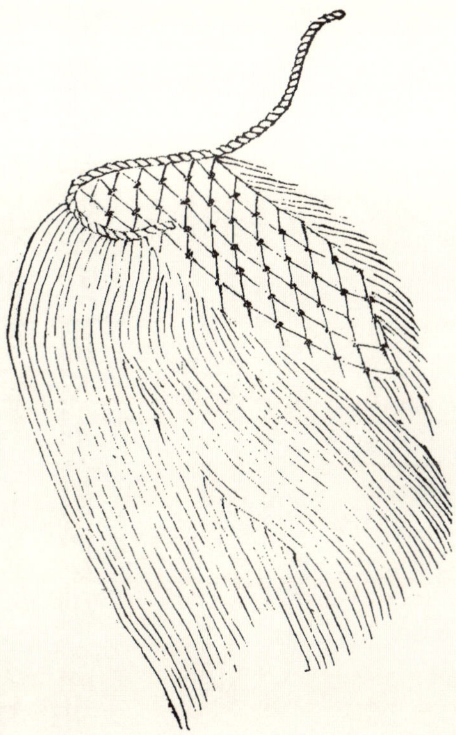

說文蓑草雨衣秦謂之萆廣韻𡲢𡳁雨衣也庶物異名疏管子曰農夫身穿襏襫卽蓑衣一曰麤堅衣可任苦六韜農器篇蓑薜簦笠故又名薜雨具中最爲輕便者演繁露王章卧牛衣中注龍具也蓋亦蓑衣之類挑河廂埽如遇陰雨兵夫用以被體非此不可

笠

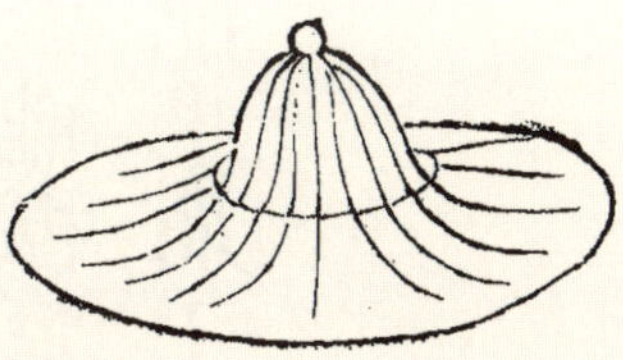

篛海簦笠以竹爲之無柄曰笠有柄曰簦卓氏藻林簦笠備雨器也國語簦笠相望於安陵古以臺皮爲之詩所謂臺笠緇撮是也庶物異名疏管子曰農夫首戴茅蒲茅蒲蒲笠也名義考程曉伏日詩今世䄻䄸子觸熱到人家䄻䄸凉笠也或大或小皆頂隆而口圓可芘雨蔽日以爲蓑之配也廂工防險蓑衣僅能禦雨笠則兼可遮陽尤爲應備之物

打草鐮

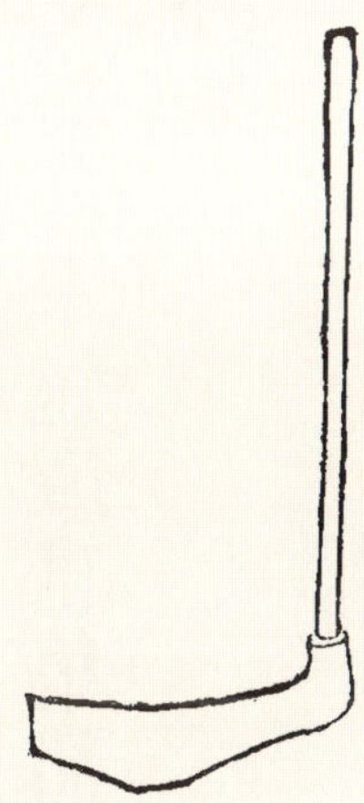

逸雅鐮廉也體廉薄也其所刈稍稍取之又似廉者也周禮薙氏掌殺草夏日至而夷之鄭注鉤鐮迫地芟之也農桑通訣鐮制不一有佩鐮有兩刃鐮有袴鐮有鉤鐮有推鐮方言刈鉤自關而東謂之鐮或謂之鍥說文銍穫禾短鐮也集韻釤長鐮也皆古今通用芟器打草鐮亦不外是

艾

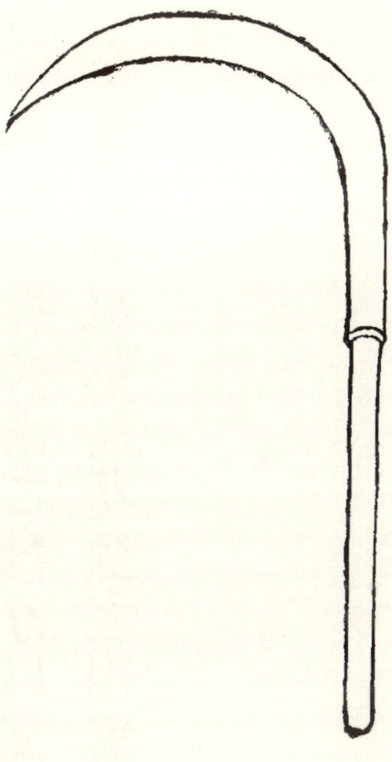

詩奄觀銍艾艾殳也穀梁一年不艾而百姓飢艾穫也方言刈鈎自關而東謂之鎌或謂之鍥三才圖會鍥似刀而上彎如鎌而下直其背指厚刄長尺許柄盈二握又謂之彎刀以艾草禾或斫柴篠農工使之春夏之交堤頂兩坦草長芟除之用與鎌有同功焉

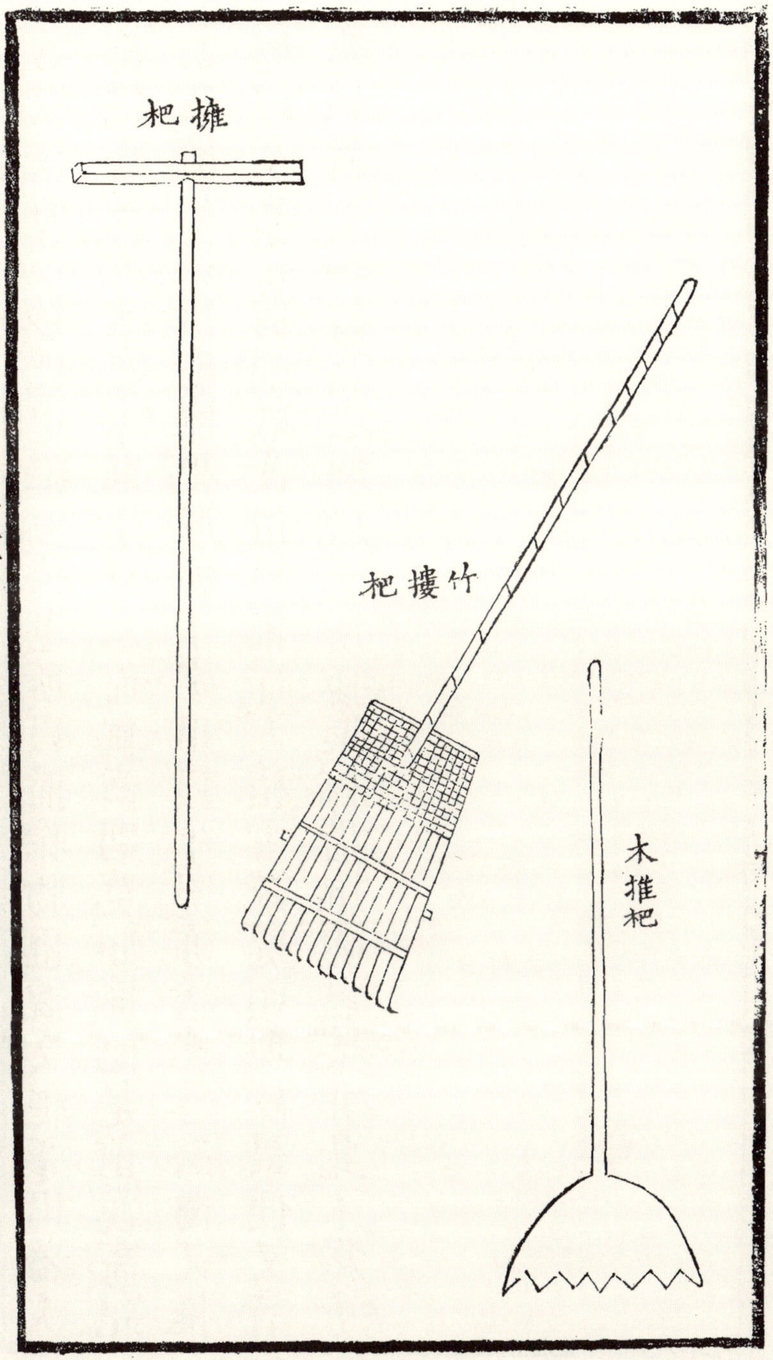
攤杷
竹摟杷
木推杷

物原叔均作耖耙逸雅杷播也所以播除物也說文杷平田器大都鐵爲多竹次之木則罕見木而無齒則莫如擁杷是前漢高紀太公擁彗擁持也擁杷形如丁字用以平隄亦猶擁彗云爾又推杷以木爲之前刻數齒用以推埽面積雪疏隄頭塊礫最便又竹摟杷齒亦編竹爲之料廠工所摟聚碎稭攤曬濕柴非此不爲功

埽帚

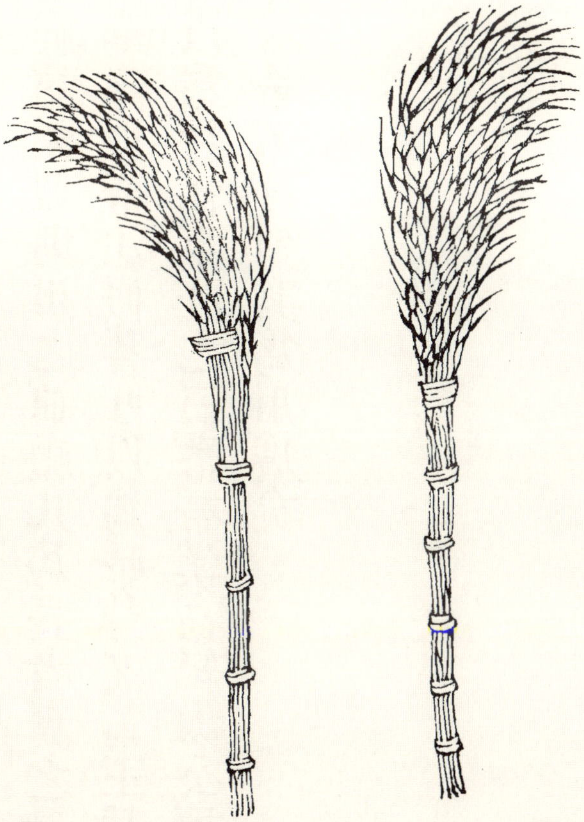

古本夏少康作箕帚周禮夏官戎右贊牛耳桃茢注桃鬼所畏也茢苕帚所以埽不祥諸侯盟則用之曲禮凡爲長者糞之禮必加帚於箕上爾雅釋草荓馬帚注似蓍可以爲埽彗又葥王彗注王帚也似藜其樹可以爲彗江東呼之曰落帚漢高紀太公擁彗凡潔除堤頂埽面非埽帚不可則其爲用廣矣

河工器具圖説 卷一 宣防

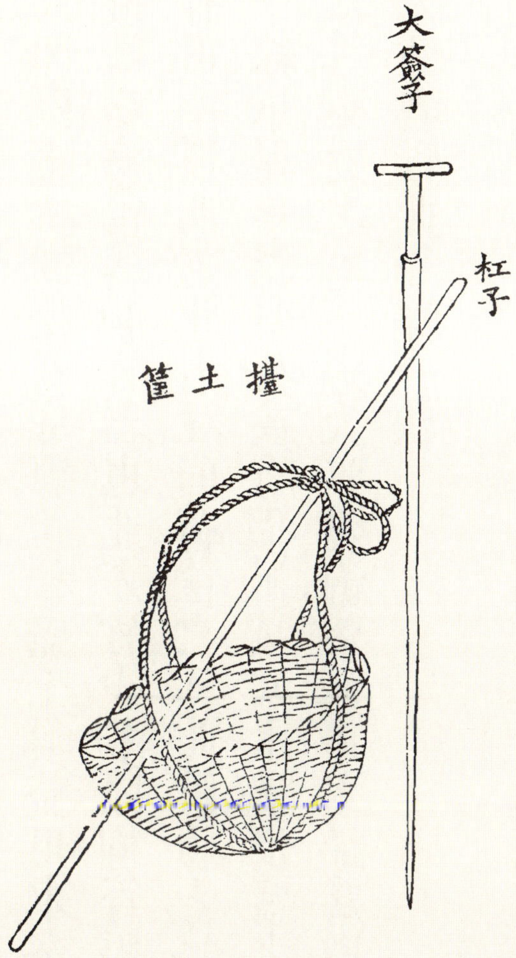

大簽子長四五尺有類鐵錐而木其柄每年春初百蟲起蟄之候例飭文武汛員督率兵夫持簽簽堤用榔頭打簽深入土中一經簽出洞穴卽以鐵杴刨挖到底將筐杻撻土塡墊用木夯築實每堡皆須預備篇海筐盛物竹器也北方竹少多以柳筲編成廂工撻土亦有用筐以期迅速者杻卽荷筐之具此數物皆簽堤必備器具緣一綫單堤年深日久或有獾洞鼠穴水溝浪窩之病及樹根朽爛氷雪凍裂之處一遇大汛漫灘滲漏串水最爲隱患其所以防患未然者惟此簽堤一法

鼠弓

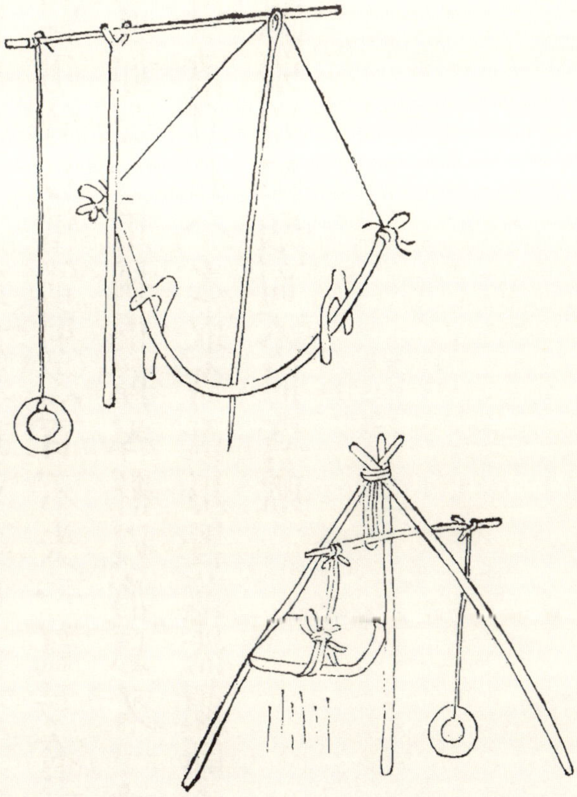

地鼠俗名地羊卽本草鼹鼠爾雅鼢鼠廣雅犁鼠隄頂兩坦均有之但見虛土一堆卽此物也爪銛牙利頃刻穿隄搜捕不可不淨捕法趁其迎風開洞用竹弓鐵箭射之百不失一鼠弓有三一用鐵簽張於弓上簽直如矢一用挑棍撑桿懸以消息又一式三叉其木墜以巨磚懸以消息若今之取禽獸用罟獲然顏師古漢書注弩以足踏者曰蹶張殆相類而不同者歟

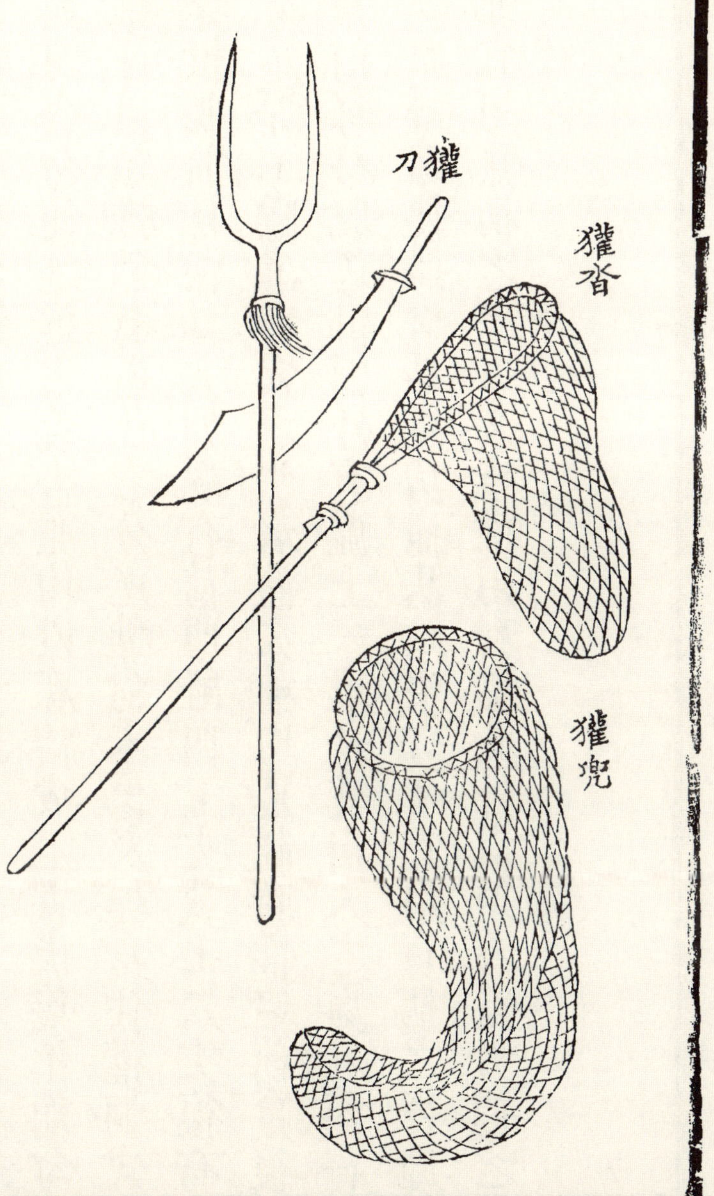
鐵叉
獾刀
獾沓
獾兜

沓字義無可考按羽獵賦出入日月天與地沓註作相連合解或取沓與洞合勿使逃逸之義沓兜均以麻結成上古伏羲作網勾芒作羅可以類推獾有遊住之分遊獾尚未傷及堤身住獾洞穴多在堤根既曲且深口大如碗有前門離四五丈或七八丈復有後門最爲堤工隱患掃穴之法水灌火薰均足制勝惟堵前竄後堵後竄前每易脫逸但洞外有虛土一堆是其出入之處且獾行每由熟路尋踪搜捕尚易見功捕法暗中守拿宜用有柄之沓施於平地宜用無柄之兜刀叉皆備用利器此外尚須養獵犬捕之

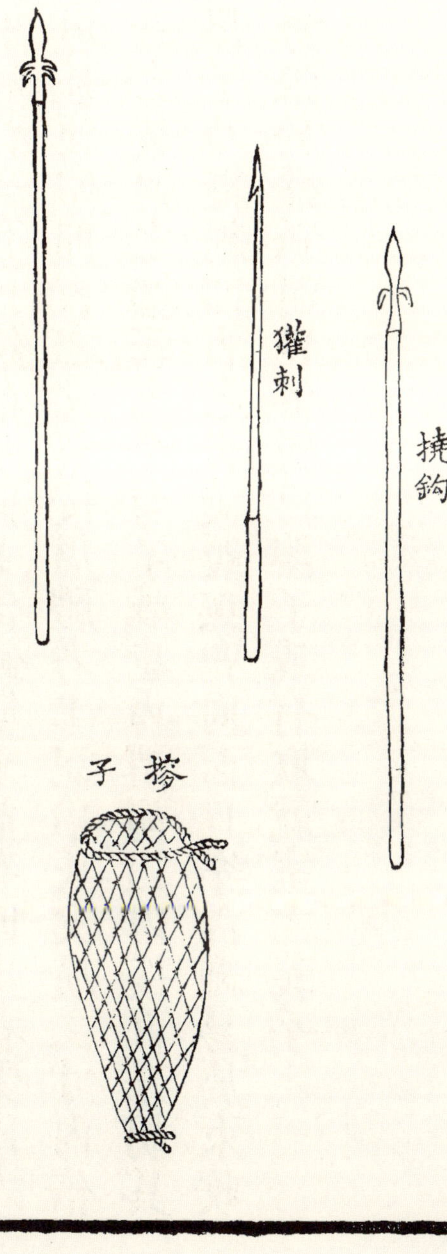

獾刺
撓鉤
摻子

廣韻摎索也揚子方言就室曰摎於路曰署正韻撓抓也韻會刺棘芒也今巡夜捕獲之具有名刺者鍜鐵爲之其鋒銛利上有倒鉤以象棘芒又有撓鉤直刃向上倒鉤雙垂並有四出者受以木柲其用甚便殆即古之戈與按周禮考工記冶氏戈廣二寸內倍之胡三之援四之鄭注戈今勾子戟也內謂胡以內援直刃胡其子至摎子乃繩網即古之罟護製與兜同而口穿活繩易於束收用時每張於獾狐洞口俗稱曰摎子或有取就室之義乎

狐櫃

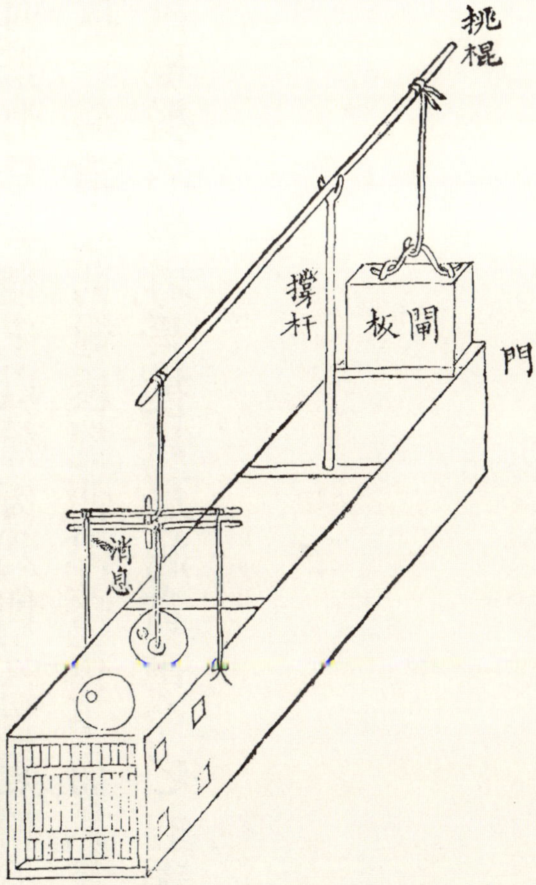

狐櫃以木製成形如畫箱前以挑棍挑起閘板以撑桿撑起挑棍後懸繩於挑棍而繫消息於櫃中以雞肉爲餌安置近栅欄處使狐見而入櫃攫取一碰消息則繩鬆棍仰桿落板下而狐無可逃遁矣韻會擭捕獸機檻名物考畧擭以扃羂禽獸今之扣網也櫃亦類是

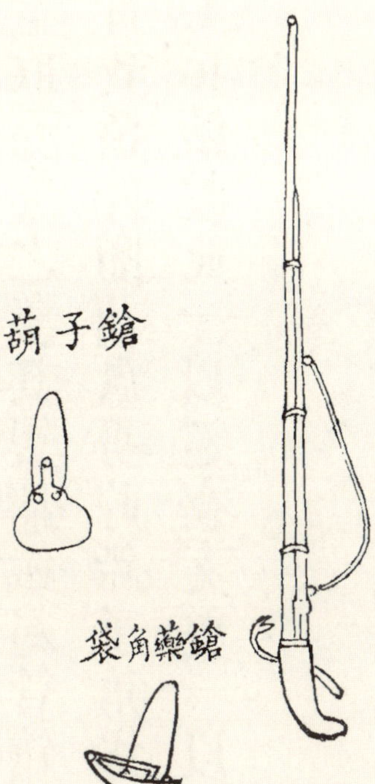
鳥鎗
鎗子葫蘆
鎗藥角袋

物原軒轅作礮呂望作銃爲製火器之始金史飛火槍守汴時用以槍發火實始於此七修類稿鳥嘴木銃明嘉靖間倭寇犯浙得其器遂傳造焉則是鳥鎗之名起於明矣考鎗音庚鎗鎗聲槍字本從木今俗從金蓋取聲響之義其製鑄鐵爲管鑲木成桿中設斗門火機勾動卽可致遠外隨葫蘆專貯鉛子角袋專貯火藥最爲武備利器今河工兵堡設此一以巡夜支更一以捕狐靖盜

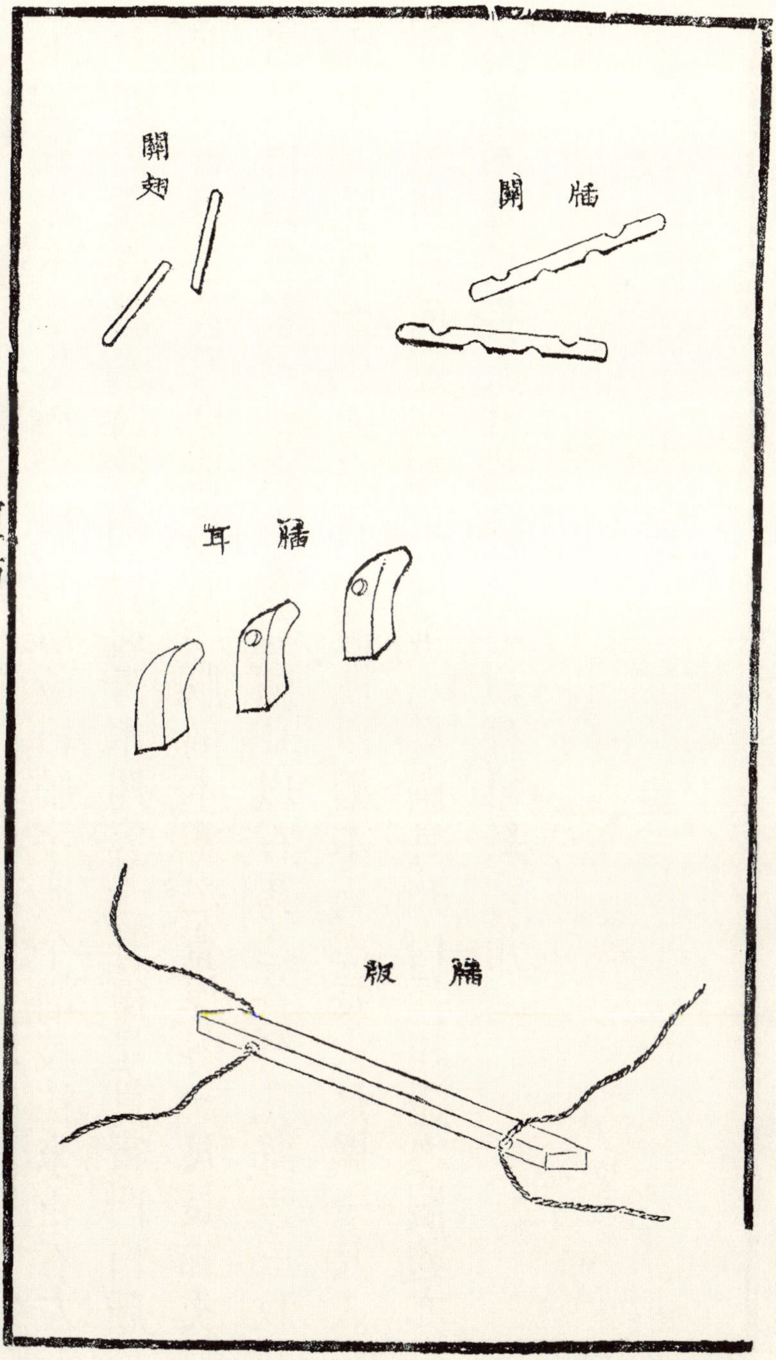

關翅
艢關
艢耳
艢版

玉篇版片木也集韻以版有所蔽曰牐字典今漕艘往來臿石左右如門設版瀦水時啓閉以通舟水門容一舟銜尾貫行門曰牐門設官司之按啓閉器具有牐版削木爲之寬厚各一尺長二丈四尺兩頭各鑿一孔以貫麤繩牐耳以石爲之各有孔每岸三枚内中耳孔兩頭俱通以貫牐關關以檀木爲之長六尺圍一尺八寸中鑿四孔備運關翅用時兩端貫關耳孔内插翅運之關翅亦用檀木每根長丈許橫插關心以備推絞之用

令箭

會牌

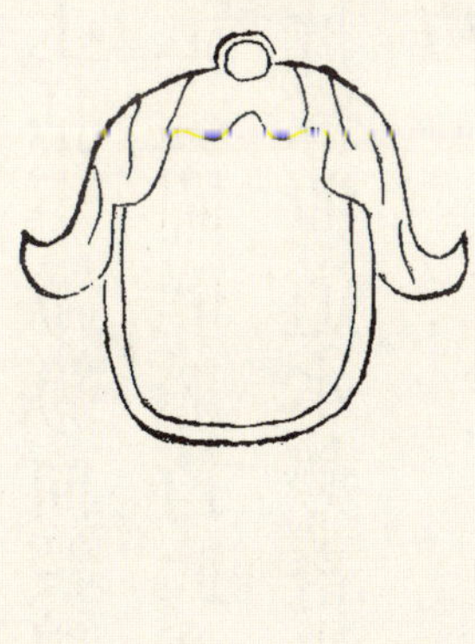

集韻令律也法也書冏命發號施令禮月令命相布德和令漢紀令有後先有令甲令乙令丙

國朝定制總督令旗黃緞爲之斜幅縿徑一尺八寸斿徑二尺四寸斜徑三尺貫以令箭笴長三尺髹朱皂羽上括下鏃鏃面鋟銀令字畢以油紬套象繪雲龍取相應之義河工提閘催船持此爲信又有會牌係上下兩閘啓閉彼此知照憑據緣運道水勢蓄洩機宜全在啓閉而欲上下相應非會牌不爲功

三外標旗

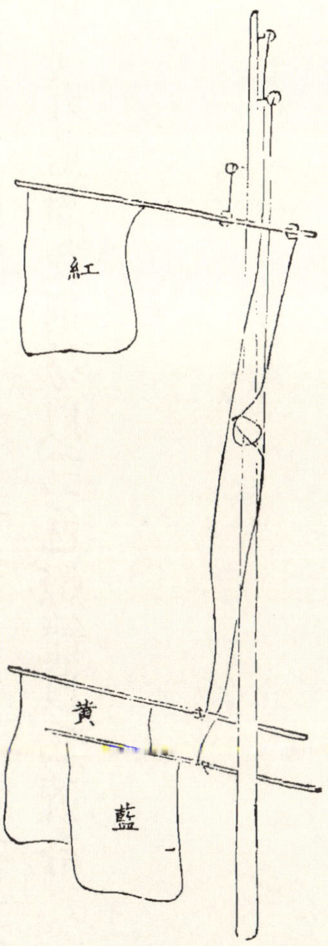

三升旗即標旗也凡大工向於壩頭豎立長竿上扣三鐶貫以長繩繫黃紅藍布旗三面隨用拉扯上下派兵守之如須土升黃旗料升紅旗柳草升藍旗夜則易以三色燈籠以爲號令

河工器具圖說

長白麟慶見亭纂輯

卷二　修濬器具

磟碡

竹灰篩　竹灰籃　灰箕　條帚

灰桶　水梡　灰昏

汁鍋　汁缸　汁瓢　木爬

花鼓槌　木掀　木杵　拍板

鐵銷　鐵錠　鐵鍋　過山鳥　鐵片　舊鍋鐵片

鐵鈎　鐵簽　鐵勺　竹把子

泥抹　方瓦刀　圓瓦刀

水基板

橇

鐵芭

鐵篦子

混江龍

清河龍

挨牌　逼水板

鐵鴨嘴　鐵板子　鐵鏟　鐵壯

石壯

油灰碾

鐵舂箍

礮印　印桶　佩硯　角硯

畚

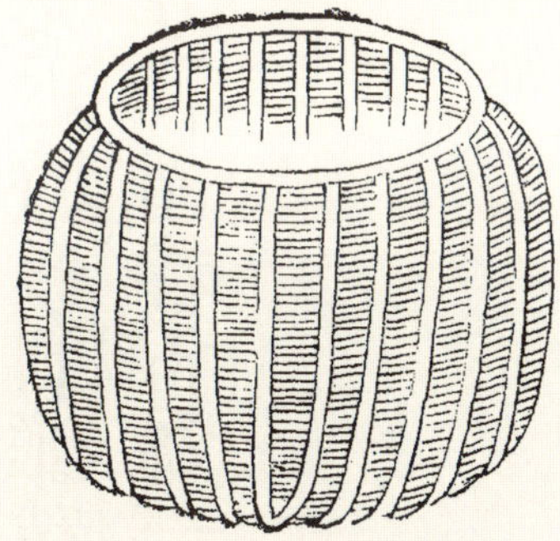

臿

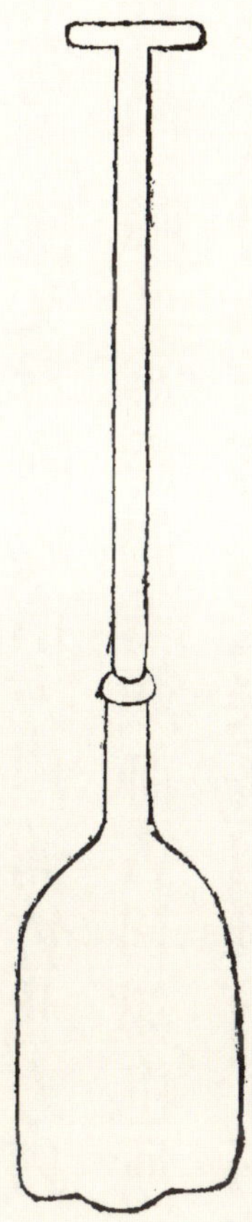

農書畚土籠也左傳樂喜陳畚挶注畚簣籠又稱畚築注畚盛土器以草索爲之說文畚斷屬南方以蒲竹北方以荆柳王楨咏畚詩致用與簣均聯名爲臿偶臿顏師古曰鍬也所以開渠也前漢溝渠志白渠歌曰舉臿爲雲決渠爲雨淮南子曰堯之時天下大水禹執畚臿以爲民先近時形制雖稍不同而治水土之工者必以此二物爲本揚子方言謂畚臿爲一物誤矣

河工器具圖說 卷二 修濬 二

皮灰印

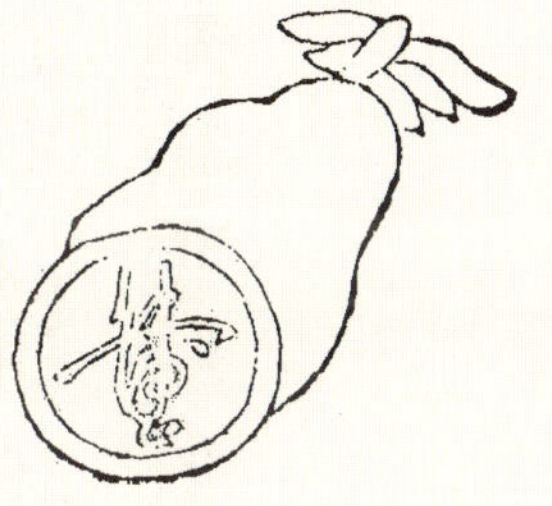

木灰印

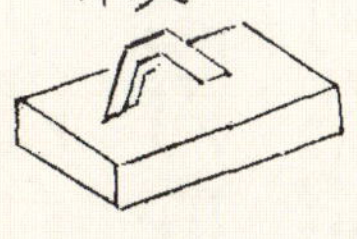

信樁

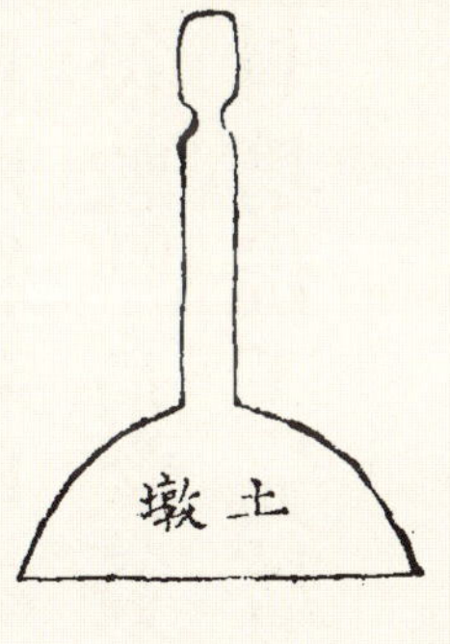

說文印執政所持信也從爪從卩象相合之形廣韻印信也因也封物相因付也古人於圖畫書籍皆有印記今估土工多有自鐫木印用石灰爲印泥又有皮印以白布作袋長八寸牛皮作底寬五寸底上鏤字篆押各爲密記內貯細灰用時緩緩印之又有信椿其法截木爲椿凡築隄挑河估定尺寸後較準高深簽椿相平用灰印於椿頂裏以油紙覆以磁碗取土封培俟工完啓驗灰印完整然後拉繩椿頂驗收可杜偷減等弊

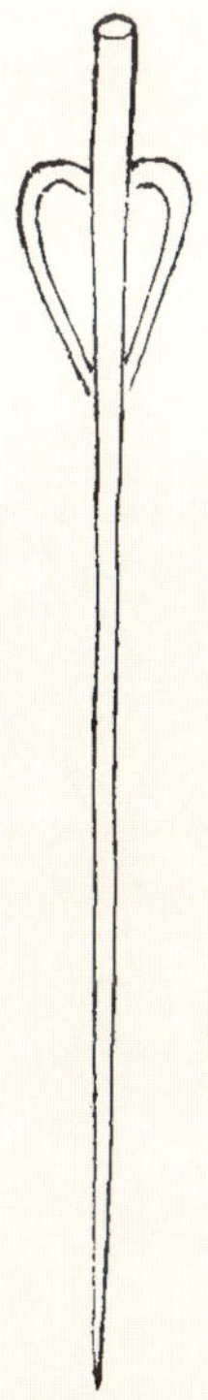

鐵錐

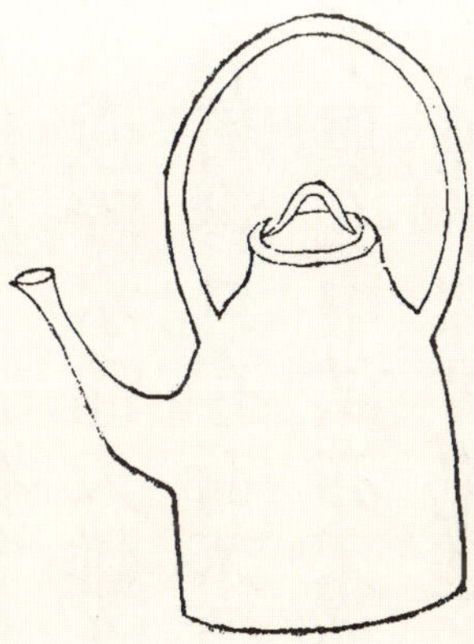

水壺

說文錐銳器也釋名錐利也淮南子兵畧訓疾如錐矢鐵錐長四尺上豐下尖其豐處上有鐵耳便於手握修築堤工每坯試錐一遍用木榔頭下打拔起後以水壺貯水灌入錐孔不漏爲度若一灌卽瀉名曰漏錐半存半瀉名曰滲口存而不瀉名曰飽錐然試錐須直下不可搖動搖動則土塡孔中試亦不准且聞驗收土工時有用鮎魚涎榆樹皮汁和水灌下卽可飽錐者其弊不可不知

鐵杴

長柄杴

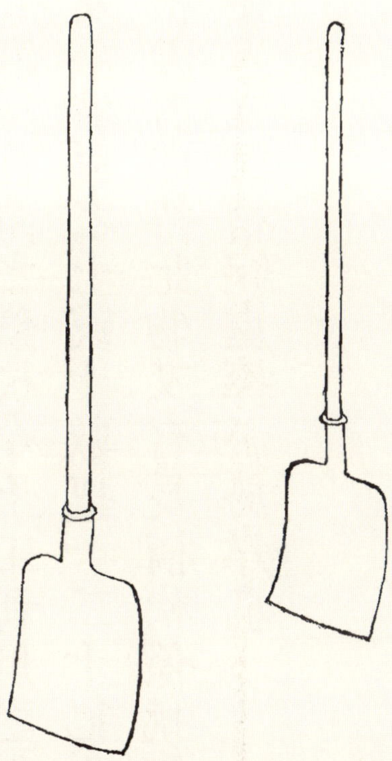

玉篇枕鍫屬正韻枕鍤屬但其首方濶柄無短枴與鍫鍤異〻事物原始枕或以鐵或以木爲之用以取沙土方言鐵者名跳枕木者名枕部三才圖會煅鐵爲首謂之鐵枕今土工利用之器凡搜尋埽尾後裂縫餘土及平埽向之土或十數把一二十把不等而興辦土工時所謂邊枕夫者卽持此物又有長柄枕係挑河出淤之具柄長則摔遠以便人立河槽窪處摔淤於岸也

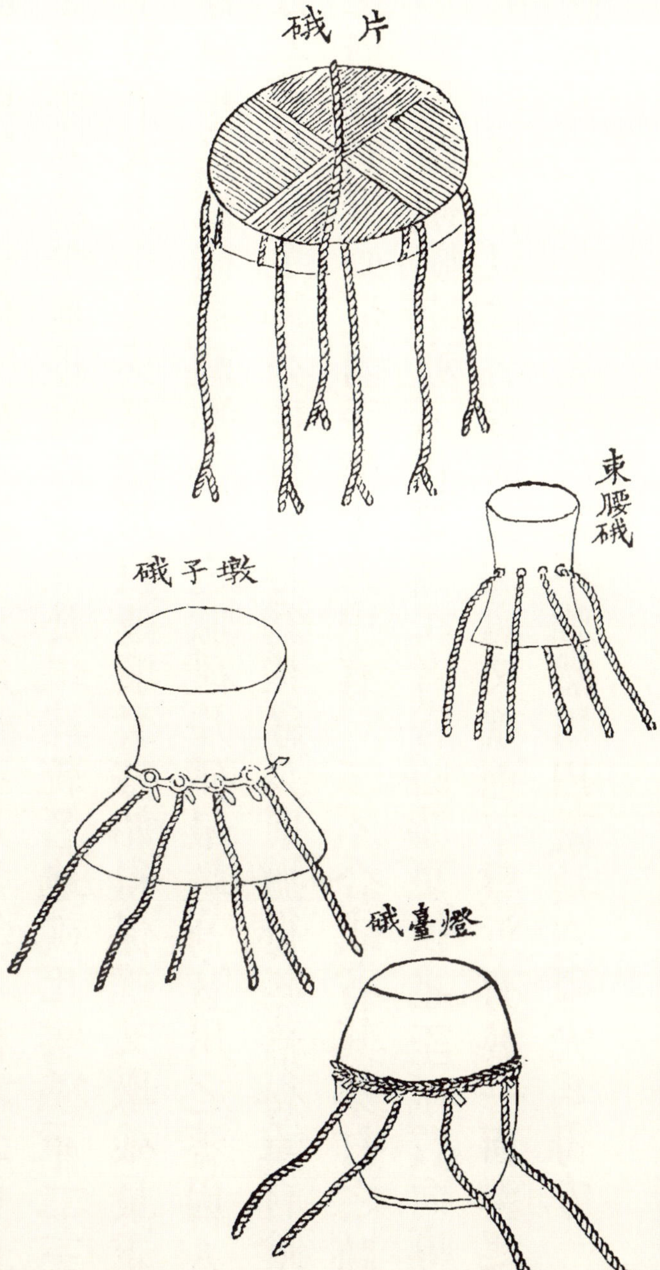
片硪
束腰硪
墩子硪
燈臺硪

隄之堅實全仗硪工硪有墩子束腰燈臺片子等名四者之中墩子束腰宜於平地燈臺片子宜於坦坡統名地硪比雲硪重二三十觔下大上小凡築隄壩用以連環套打始得保錐又墩硪最重豫東用之燈硪稍輕淮徐用之腰硪片硪最輕高寶用之蓋因人力不齊之故至辮分長短以長爲佳緣長則抛得起落得重自增堅固再硪夫必須對手倘十人中有一二不合式者其築打之跡形如馬蹄硪雖重亦不保錐辦工者當隨時更換也至硪質向專用石近更有以鐵鑄者取其沈重又硪面平整近有於一面鑿起狀如五乳者俗曰乳硪名甚不雅然用以敲拍灰礓尤爲得力

木夯

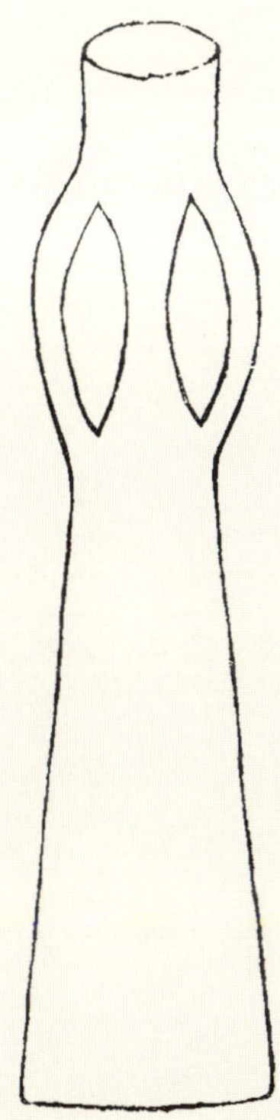

字彙夯人用力以堅舉物禪林寶訓累及他人擔夯亦用力之意凡築室必先平地平地必須加夯大者長七八尺圍二三尺不等不獨河工然也工次木夯長四尺旁鑿兩鼻俾有把握填墊獾洞鼠穴以夯夯之可期堅實又有四鼻者形製較秀俗名美人夯然其用實遜耳

圓石杵

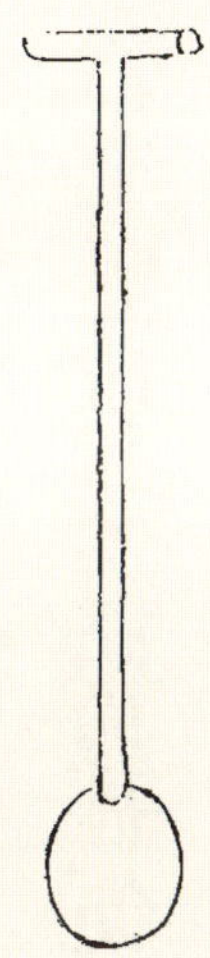

方石杵

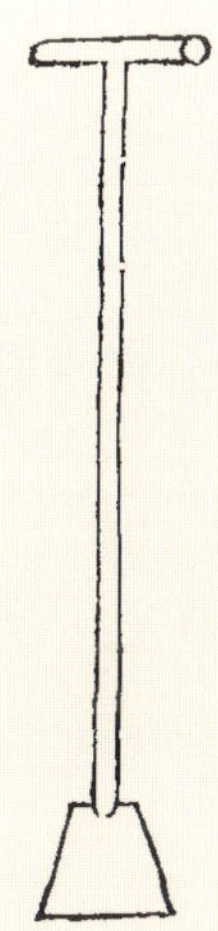

易繫詞斷木爲杵字林直舂曰擣古人擣衣兩女對立各執一杵如舂米然其韻丁東相答後人易作臥杵對坐擣之取其便也今工上有石杵仍存古制琢石爲首受以丁字木柄俾一人可舉兩手可按用以平治土隄塡築浪窩甚便至方圓則各肖其形各適其用耳

磟碡

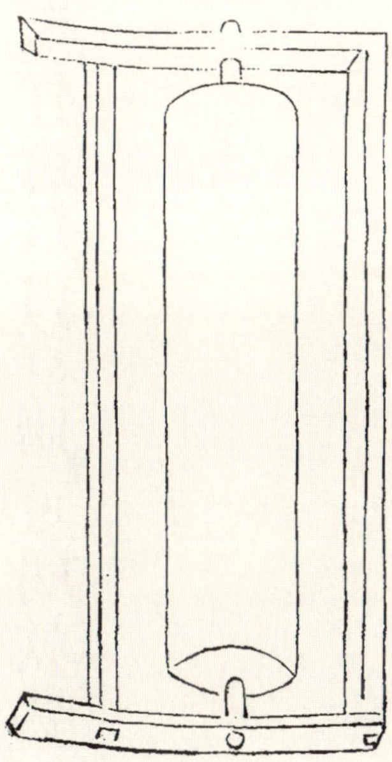

正字通磟碡石輥也平田器一作䃙碡北方多以石南人用木其制可長三尺或木或石刊木括之中受簨軸以利旋轉農家藉畜力挽行以人牽之碾打田疇塊垡及碾捍塲圃麥禾工則用以平治堤頂且豫備葦纜打成用以砑壓可期軟熟

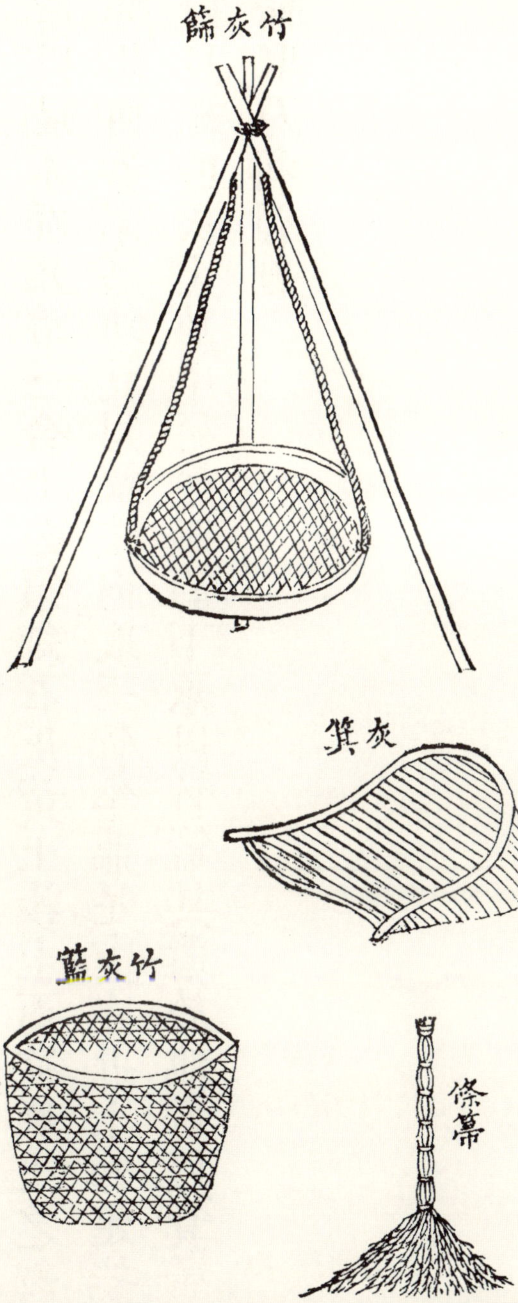
竹灰篩
灰箕
竹灰籃
條帚

事物原始篩竹器留麤以出細者又去穀之糠粃者名曰簸箕自神農氏始詩云或簸或揚是也農書籃竹器周禮桃茢註茢苕帚所以埽不祥凡治三合土必須細石灰黃土沙土而欲灰土之細非此四器不爲功其用篩法向取三竹竿鼎足支立近上縛定挂以長繩貯灰土於中從底眼篩下承以竹籃其遺於地者以箕帚掃取乃得淨細

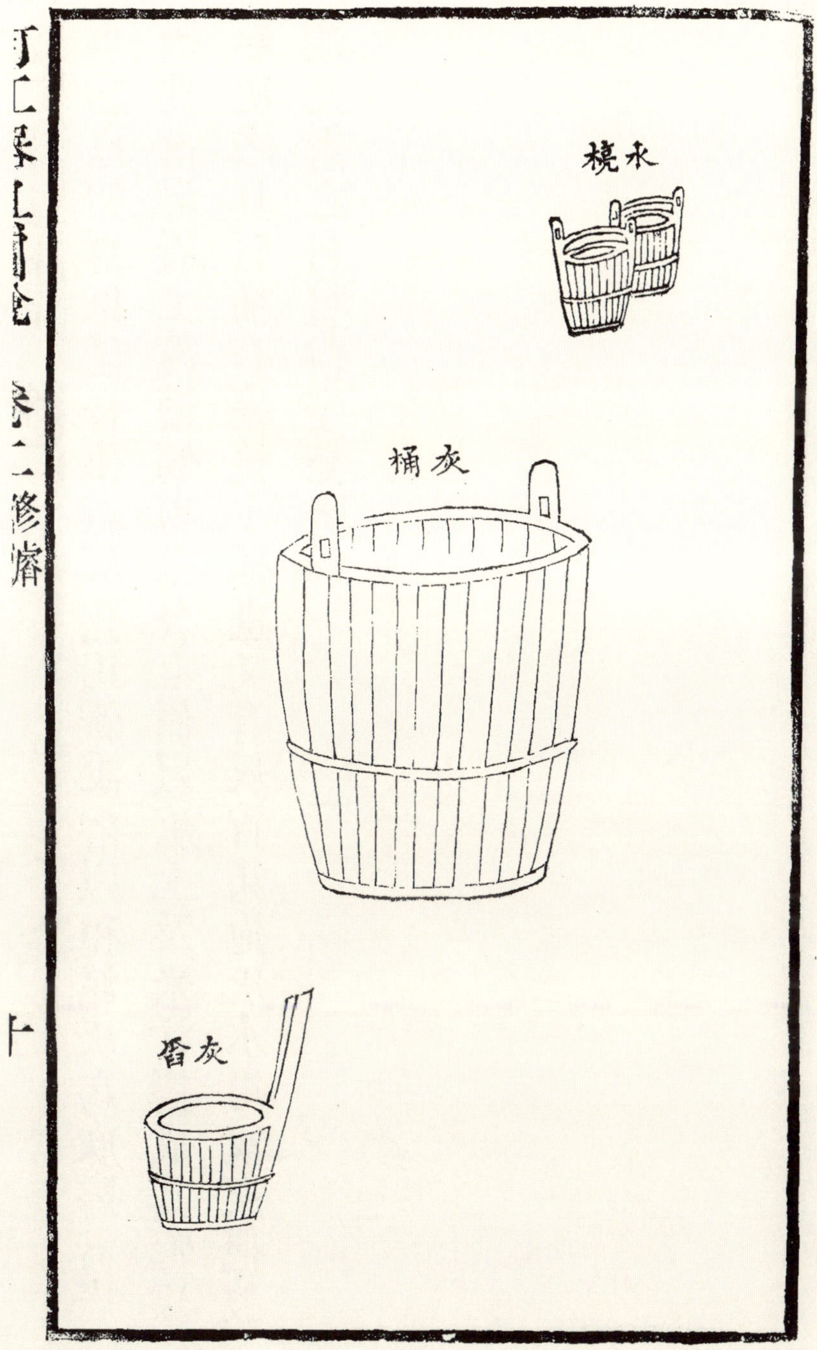
河工器具圖說　卷二　修濬
十
水椋
灰桶
灰舀

事物原始夏臣昆吾作石灰孔氏雜說俗以和泥灰爲麻擣出唐六典南河石工後槽例用三合土係以灰土及米汁擣成其泡灰和灰之具有桶有榥榥小桶也又有灰畚爲挹灰水用說文挹彼注此謂之畚榥俗字無考

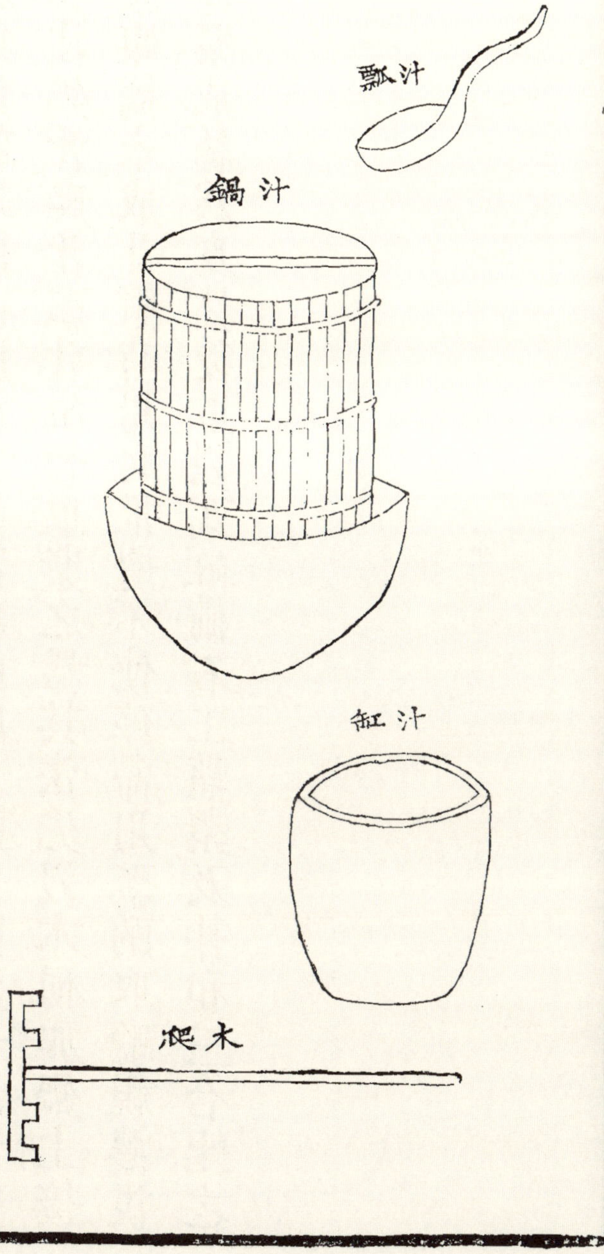
汁瓢
汁鍋
汁缸
木杷

說文汁液也又糯稻之粘者其汁爲漿廣韻鍋温器正字通俗謂釜爲鍋集韻爬搔也農書瓢飲器許由以一瓢自隨顏子以一瓢自樂汁鍋汁爬汁瓢汁缸皆取漿之器其法先以木桶加鍋上接口熬煉糯米成汁隨時用爬推攪不使停滯用瓢酌取驗視濃淡候滴漿成絲爲度然後貯以瓦缸備石工灌漿及拌和三合土之用

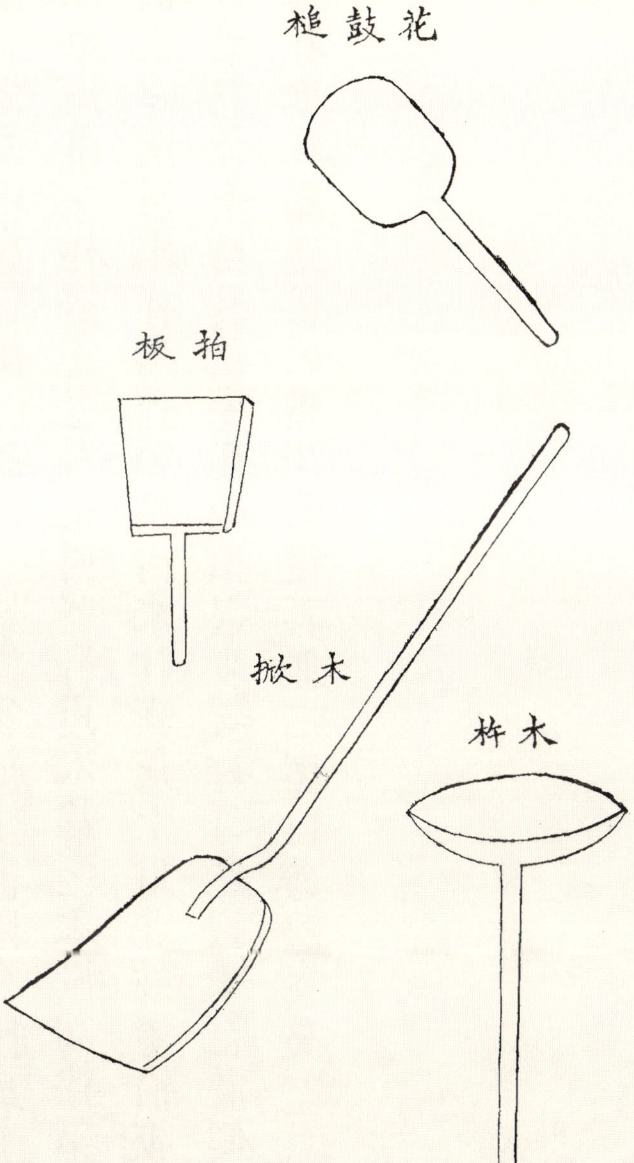
花鼓槌
拍板
木掀
木杵

集韻搥擊也唐書搥一鼓爲一嚴釋名拍搏也以手搏其上也又掀舉出也又杵擣築也舂也四器皆以木爲之木掀爲拌和地上散土碎灰用木杵爲拌和桶內米汁與灰土用花鼓搥拍板均爲擣築三合土用其法先搥後拍退步緩打每坯以千百計候土面露有水珠爲度俗名出汗然後再加二坯自臻堅實矣

河工器具圖説　卷二修守　十三

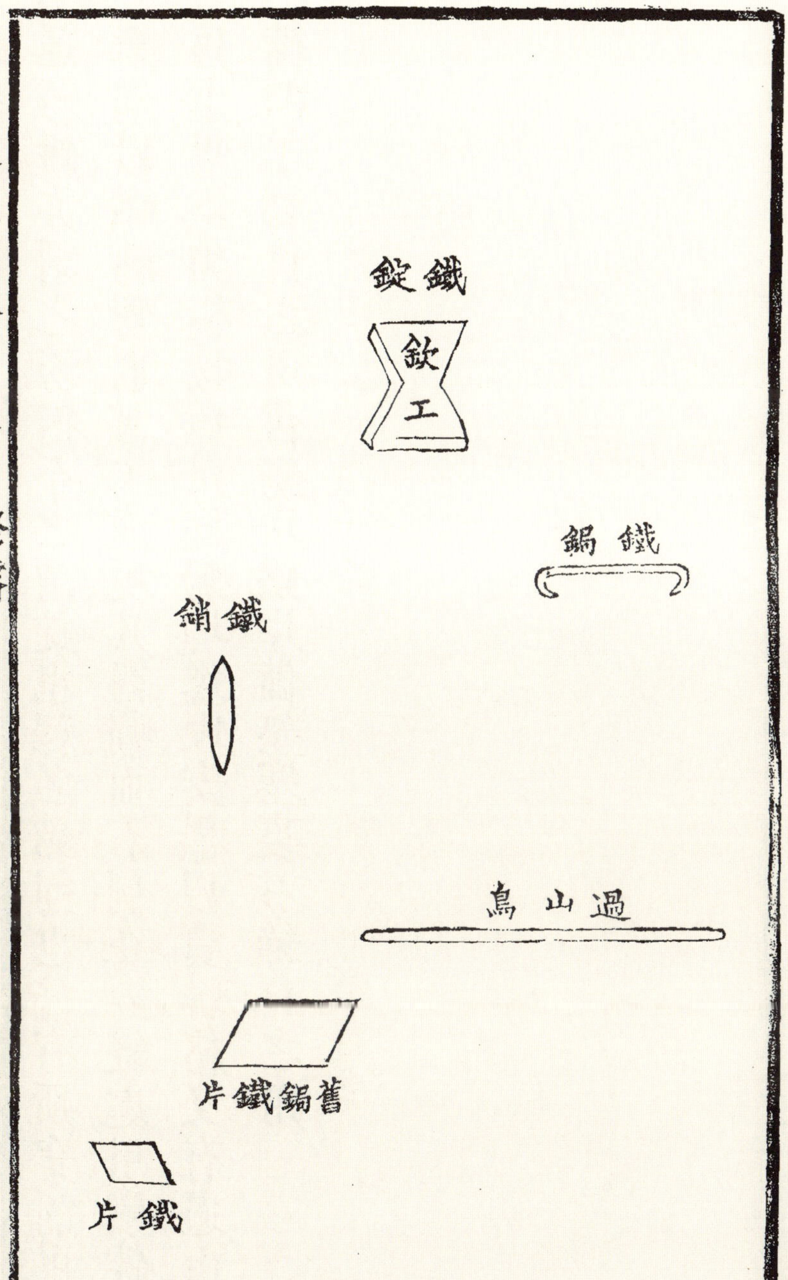

通雅鉼亦謂之笏猶今之謂錠也釋名銷削也能有所穿削也玉篇鋦以鐵縛物也河工成規凡閘壩面石例在對縫處用鐵錠轉角處用鐵銷橫接處用鐵鋦均鑿眼安穩以資聯絡又有過山鳥備砌工轉角之用舊鋦片鐵片備墊塞裏石縫口之用

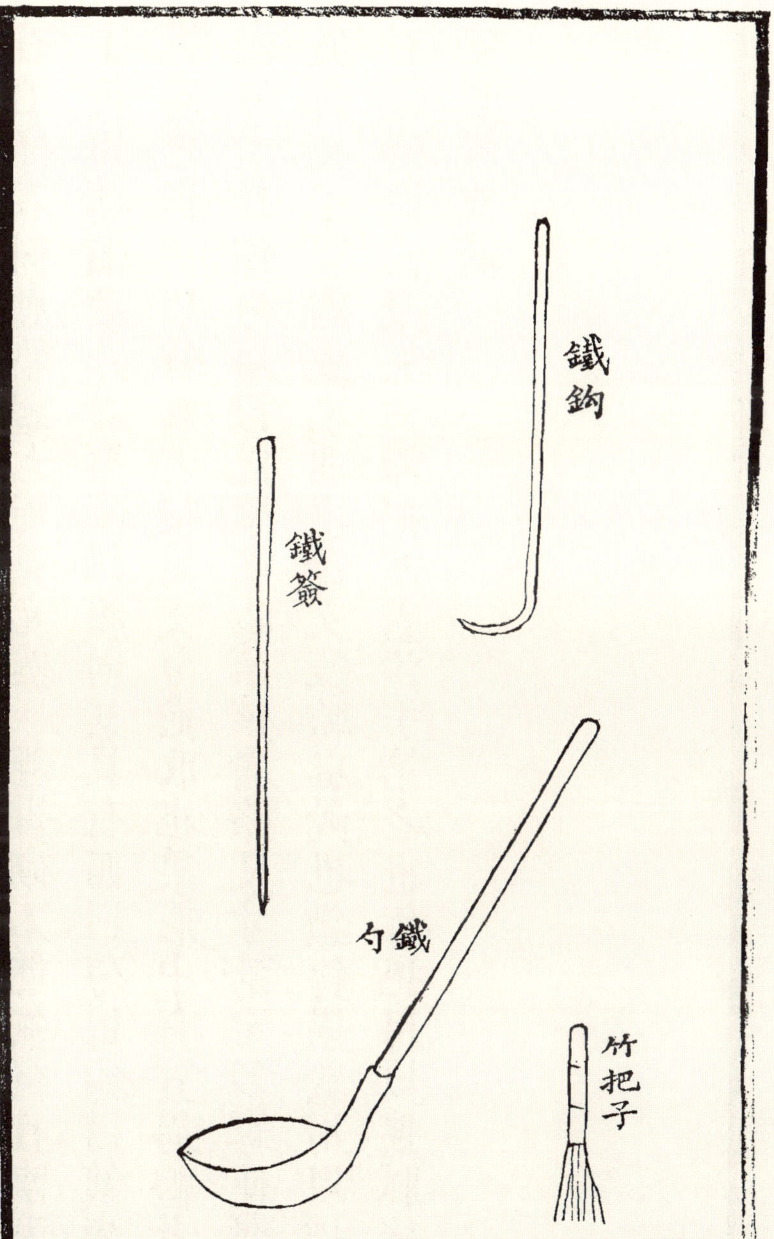
鐵鉤
鐵簽
鐵勺
竹把子

石工條石例應鑿鑿六面見光然一經排砌不能無縫且臨湖石工後用磚櫃設非灌漿斷難膠固其具有四曰勺曰鉤曰籤皆以鐵爲之曰把以竹爲之按説文勺挹取也象形中有實周禮考工記勺一升鐵勺用以挹漿灌時預核層路尺寸酌定多寡使漿無糜費又玉篇鉤致也曲也説文籤驗也銳也鐵鉤鐵籤用以探試石縫磚櫃使漿無沾滯把漢書注手掊之也竹把用以抿膩縫隙使漿皆充滿

泥抹

圓瓦刀

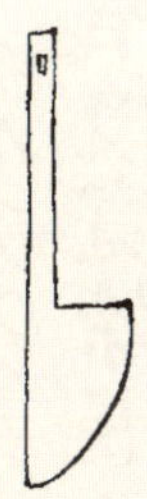

方瓦刀

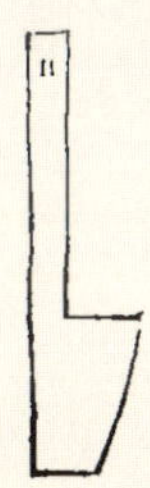

古史考夏臣昆吾作瓦爾雅釋宮鏝謂之杇疏鏝者泥鏝一名釫塗工之作具也增韻亂曰塗長曰抹今匠人所用泥抹係以薄鐵爲底狀如鞋前尖後寬上安木柄爲套手蓋卽古之鏝爾瓦刀鑄鐵爲之長七寸首長二寸前窄後寬餘五寸爲柄其頭南多圓北多方形製不同均爲削治磚瓦之用俗名抹刀一名挖刀河工苫蓋廠堡修砌磚櫃所必需也

水基板

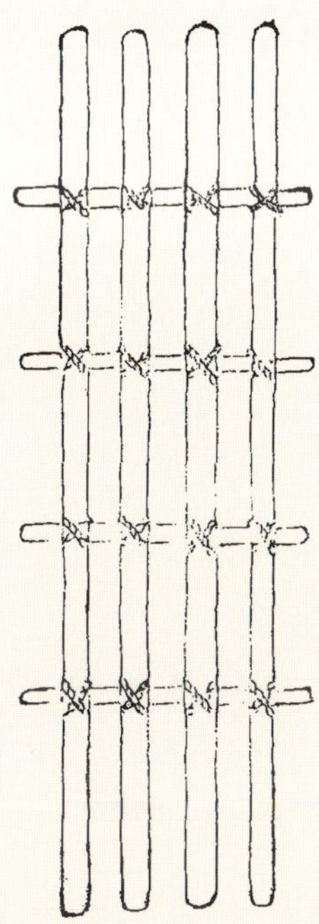

水基板一名水基跳河底泥淖無從着脚用木配成板或用大竹以谷草綁縲排做如地平式長一二丈人立在上如履平地得以挑挖揚子方言基據也在下物所依據也人在泥中板有所據故曰水基

橇

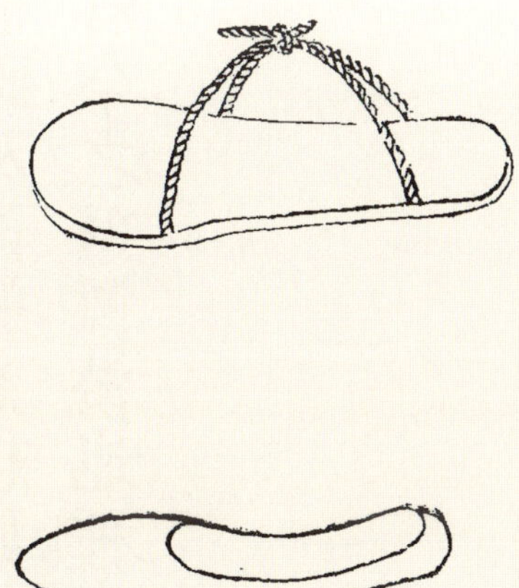

橇泥行具也史記夏本紀泥行乘橇孟康曰橇形如箕擿行泥上農書云嘗聞向時河水退灘淤地農人欲就泥裂漫撒麥種奈泥深恐没故制木板以爲屐前頭及兩邊高起如箕中綴毛繩前後繫足底板既濶則舉步不陷今之退灘淤地種麥者著履如木屐猶泥行乘橇之遺歟

柳斗

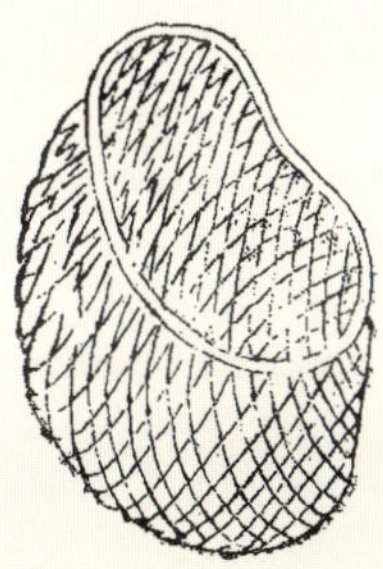

布兜

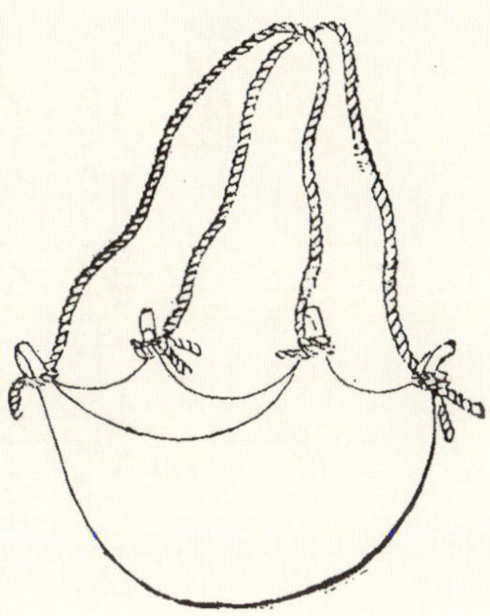

漢律歷志量者龠合升斗斛也十龠爲合十合爲升十升爲斗十斗爲斛柳斗柳條編成口紮竹片其形似斗挑河戽水用之若挑河挑出稀泥筐不能承用布兜爲佳

麻布兜

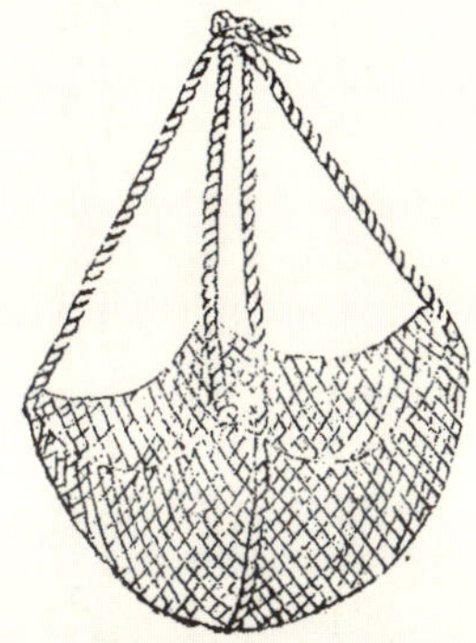

長柄泥合

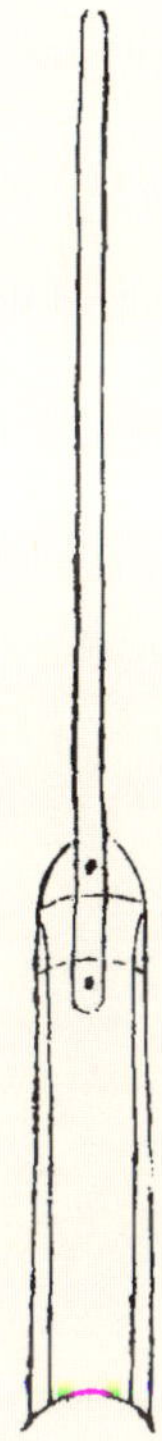

泥合子

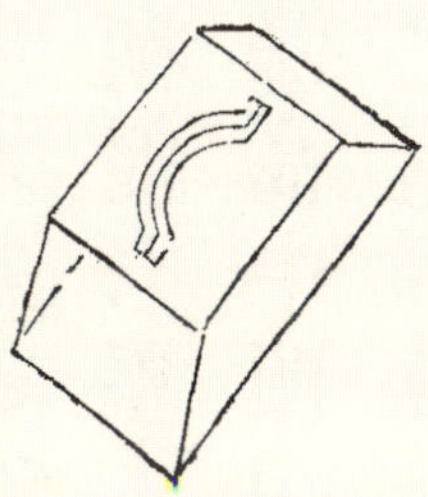

刮淤板

河工挑淤之具布兜外尚有麻兜長寬對方二尺四寸口連四角包繫以繩用之盛淤漏水又泥合子堅木爲之寬尺二長尺八高四寸中安提把用之舁淤轉貯又長柄泥合堅木爲柄長四尺六寸柳木爲首長一尺四寸狀如蒲鍬邊高中凹相接處加束鐵箍鐵鋦用之捽淤於遠又刮板刻木爲之連柄長三尺寬六寸用之刮淤入合

河工器具圖說　卷二修濬　下

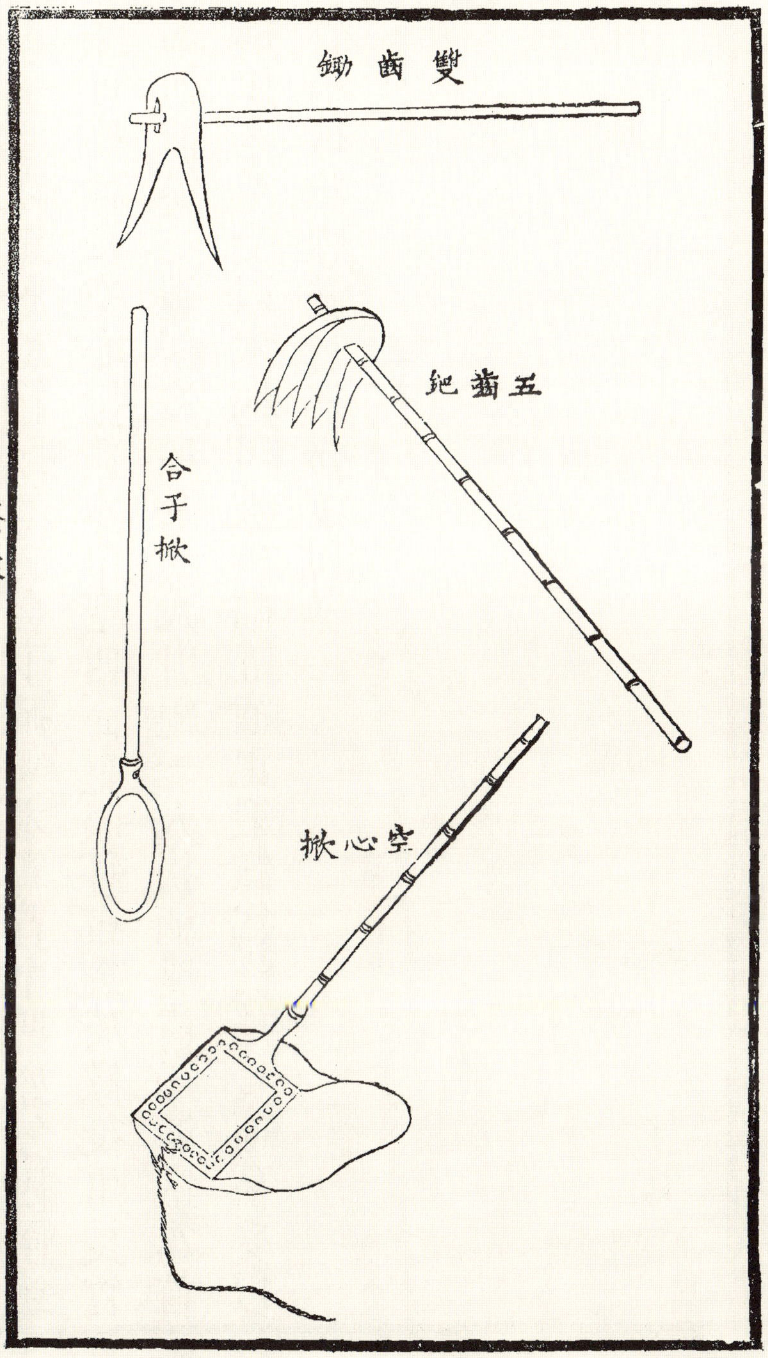

正字通鈀鉏屬玉篇掀鍫屬合于掀刻木爲首中凹如勺四圍鑲鐵可盛稀淤空心掀刳木中空四面鑿眼釘布袋於掀後用長竹爲柄前繫一繩撈浚稀淤一人引繩一人扶柄雙齒鋤鍛鐵爲首形如燕尾受以木柄可破砂礓五齒鈀鍛鐵爲齒形長而扁受以竹柄可除膠淤皆爲撈浚利器

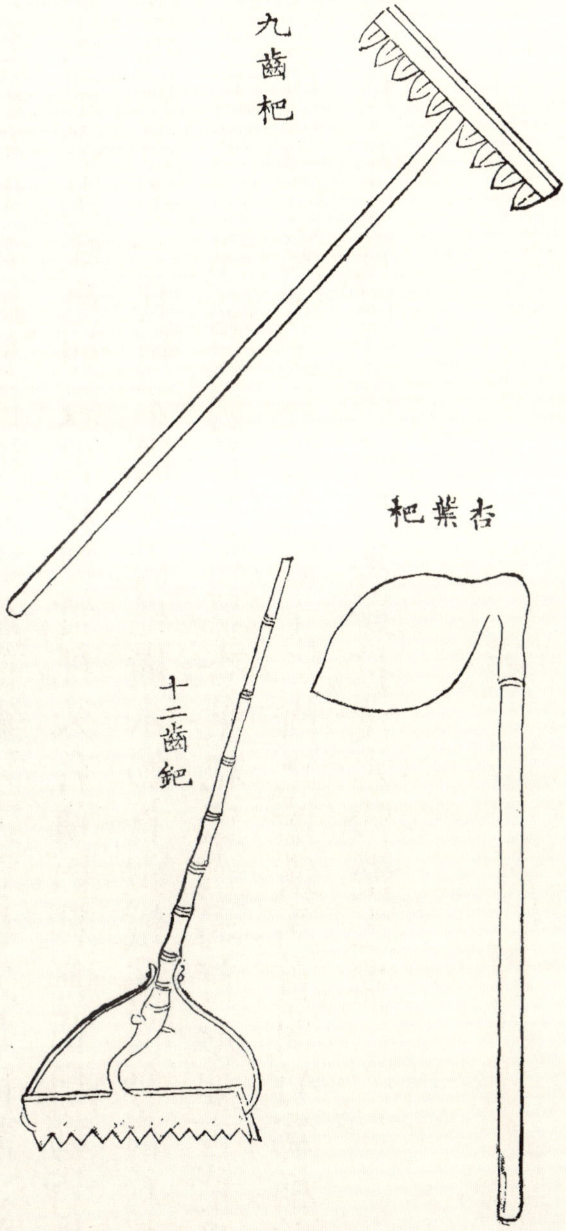
九齒杷
杏葉杷
十二齒鈀

釋名齊魯謂四齒曰欋郭璞方言注無齒爲朳急就章注無齒爲
枌有齒爲杷齊民要術杷謂之鐵齒鍢鏉方言杷宋魏閒謂之渠
拏或謂之渠疏他如穀杷耘杷竹杷又有齒曰杪無齒曰耮皆杷
屬也厥名不一其用不同九齒杷橫木爲首鍛鐵爲齒每齒約長
三寸爲破除塊壤搜剔瓦礫利器杏葉杷鍛鐵爲首形如杏葉受
以木柄爲撈浚河底淤柴之器十二齒鈀鑄鐵爲首曲竹爲柄首
長一尺五寸寬四寸厚三分爲撈拉淺水沙淤之器

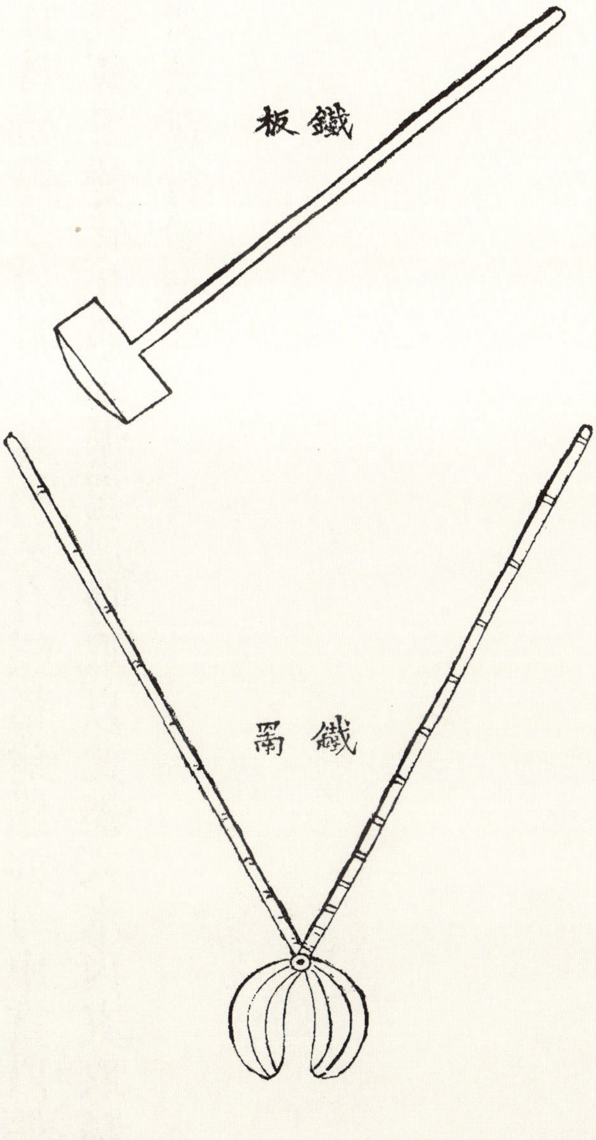
鐵板
鐵罱

玉篇罱夾魚具三才圖會鏵濶而薄翻覆可使今起土撈淺之具有鐵板其首類鏵受以長木為柄又有鐵罱鑄鐵如勺中貫以樞雙合無縫柄用雙竹凡遇水淤駕船撈取以此探入水內夾取稀淤散置船艙運行最便

河工器具圖説　卷二修濬　二十三

吸笆

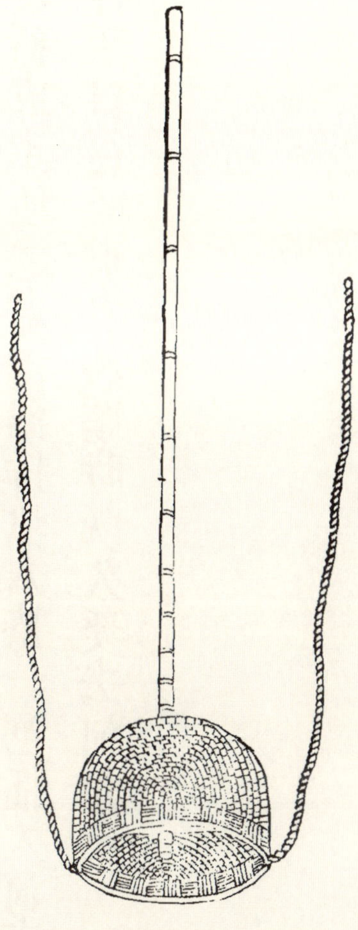

說文吸内息也正字通吸引也六書故俗謂飲曰吸篇海笆竹有刺者史記索隱江南謂葦籬曰笆有竹斗編眼如籬因名笆斗今治淤器有名吸笆者其制取斗口向下兩旁各繫繩一中貫竹竿遇有沙淤積成土埂之處用船排泊人持一笆插入河底時起時落刻不停手自得吸引之妙歷時既久埂去河深矣

戽斗

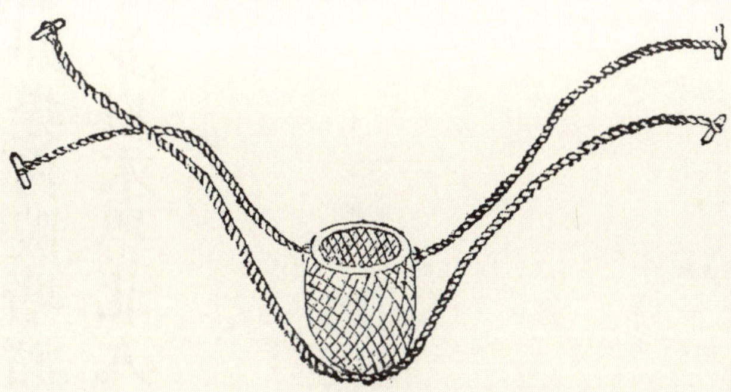

廣韻戽抒也物原公劉作戽斗又戽以木爲小桶桶旁嘗繫以繩兩人用以取水名曰戽桶如堤内陂塘瀦蓄地澗水深宜用翻車地狹水淺宜用戽斗南方多以木罌北人多以柳筲從所便也

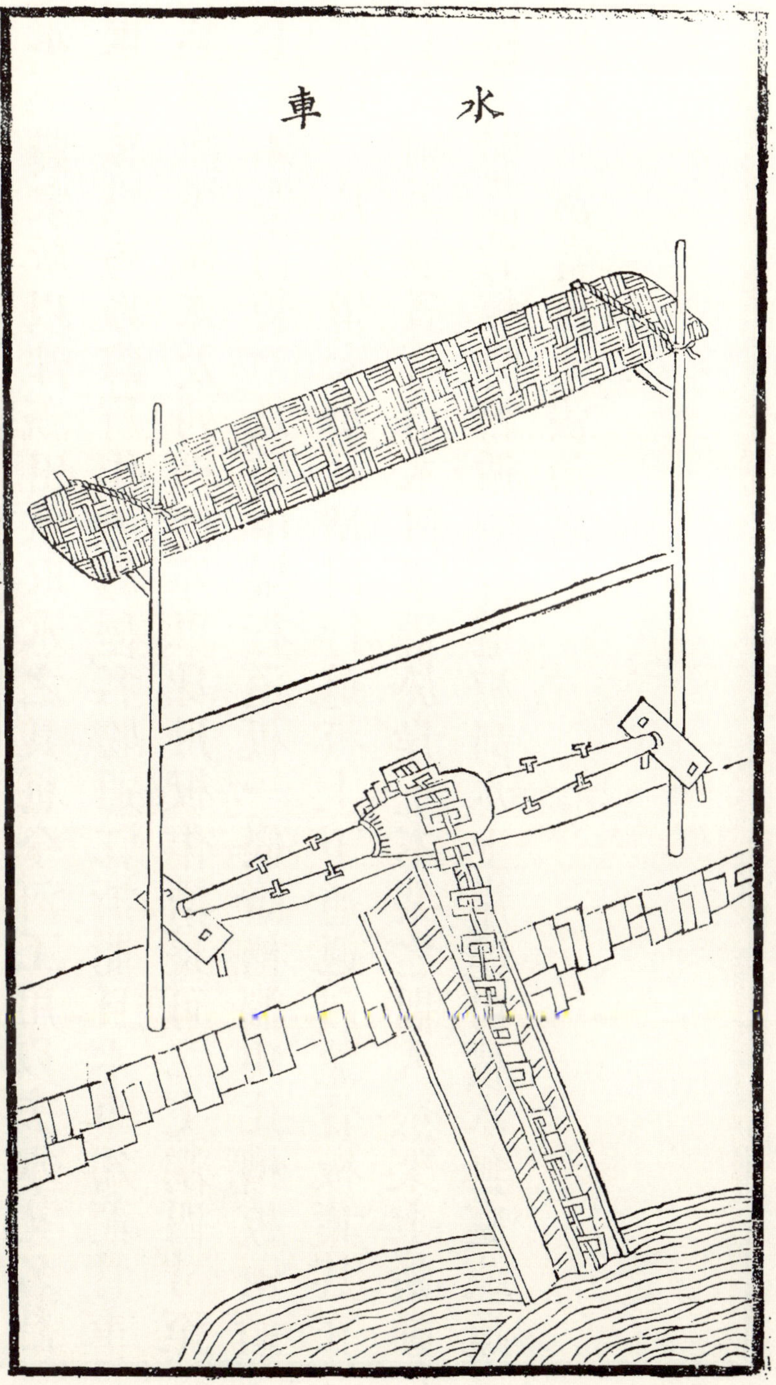
水車

水車農家所以灌溉田畝取水之具也今河工用以去水又名翻車魏畧以爲馬鈞所作王鳳稑名物通江浙間目水車爲龍骨車其制除壓欄木及列檻樁外車身用板作槽長可二丈潤四寸至七寸不等高約一尺槽中架行道板一條隨槽潤狹比槽板兩頭俱短一尺用置大小輪軸同行道板上下通遇以龍骨板葉其在上大軸兩端各帶枴木四莖置於岸上木架之間人憑架上踏動枴木則龍骨板隨轉循環行道板刮水上岸堤內積水無處疏通日久不涸當以此法治之

水輪車

水輪車其制與人踏翻車同但於流水岸邊掘一狹塹置車於内外作竪輪岸上架木立軸置一卧輪其輪適與竪輪輻支相間用衛拽轉輪軸旋翻筒輪隨轉比人踏功殆將倍之元王禎詩云世間機械巧相因水利居多用在人可是要津難必遇刼將畜力轉筒輪

木犁

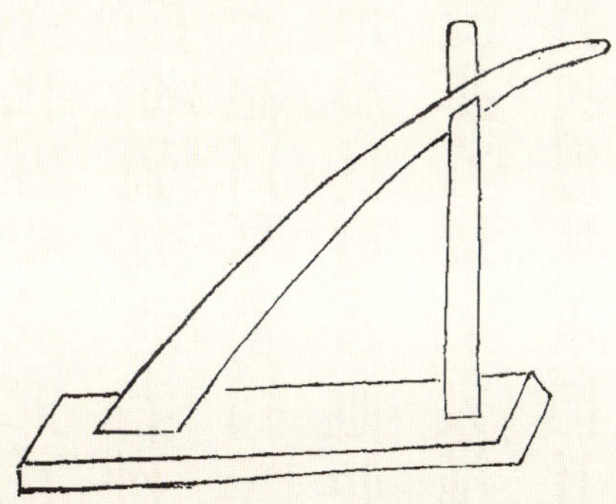

牛犁

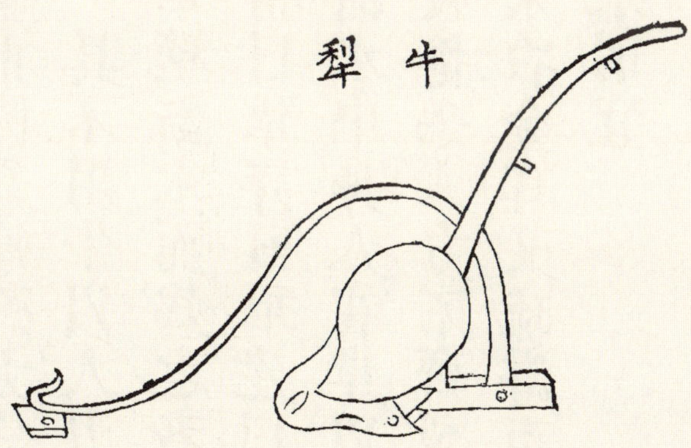

廣韻犁墾田器釋名曰犁利也利則發土絕草根也利從牛故曰犁山海經曰后稷之孫叔鈞所作魏畧曰皇甫隆爲燉煌太守教民作樓犁宋史淳化五年武允成獻踏犁一具不用牛以人力運陸龜蒙耒耜經冶金而爲之者曰犁鑱曰犁壁斲木而爲之者曰犁底曰壓鑱曰策額曰犁箭曰犁轅曰犁梢曰犁評曰犁建曰犁槃凡十有一皆指農具而言他如巨艦行淄水中舟人在岸以木犁插土收勒繩纜亦名犁工次進埽前推後捲恐人力不齊犁亦必用之物但其製與農具不同且斲木而不冶金耳又疏濬引河有牛犁之法所用犁卽係農具惟施之淺水則宜

鐵笆

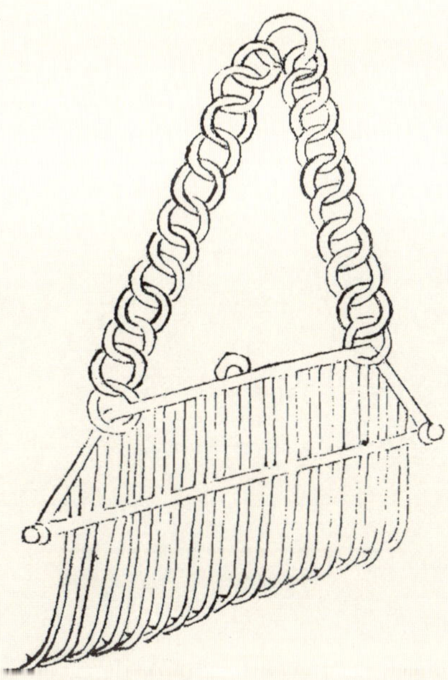

廣韻笆竹名出蜀郡竹有刺者竹譜棘竹駢深一叢爲林根若推輪節若束針亦曰笆竹鐵笆鑄鐵象形爲之亦挑河疏淤之具也

鐵箆子

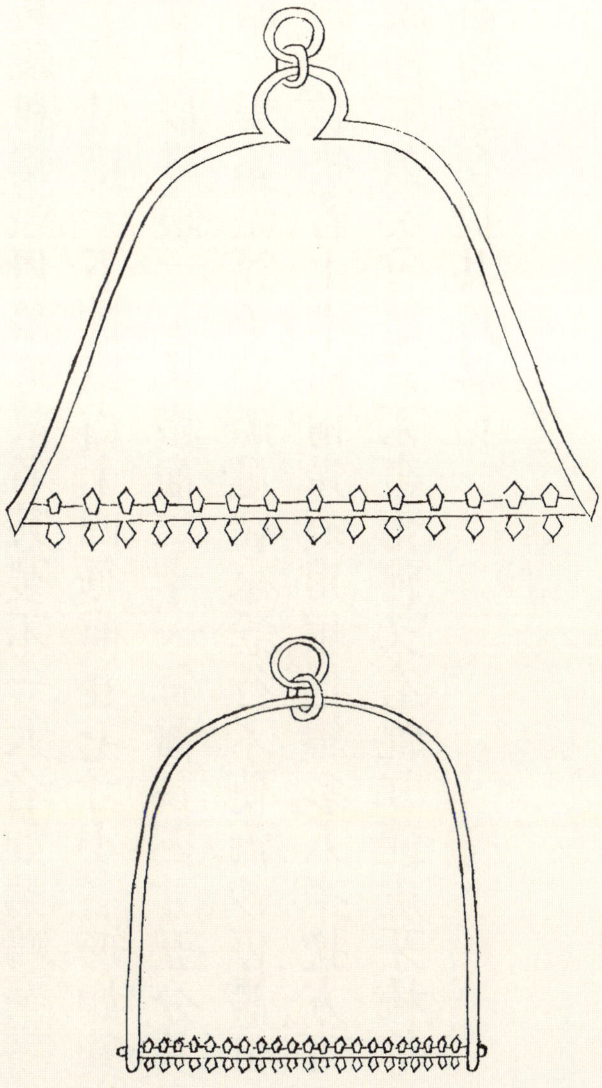

鐵篦子疏河之具物原神農作篦篦詩魏風佩其象揥揥卽今之篦子取其疏利鑄鐵以象形故名其製不一大者如鷓鴣架高六尺六寸上嵌鐵鐶一下排鐵齒十四每齒長七寸小者形如箕高二尺八寸上嵌鐵鐶一下排鐵齒二十一每齒長四寸五分其用法以大船一隻繫鐵篦子於船尾往來急行不使流沙停滯但下水順風張帆較快若上水則兩岸須用蝦鬚纜多人牽挽方可倘船行稍緩卽無效矣曾歷試不爽南河又有混江龍虎牙梳等具木質鐵齒稍爲便捷其用畧同

混江龍

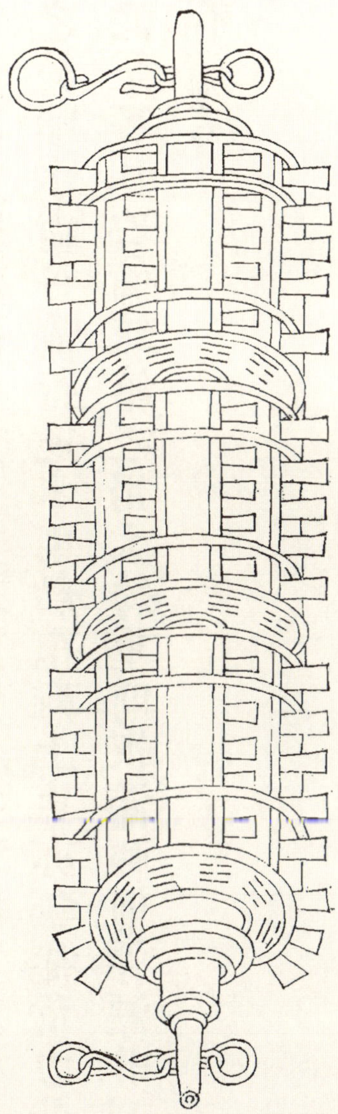

車以硬木爲軸長一丈一尺五寸圍一尺二寸周身密排鐵箭兩頭鑿孔穿鈎繫繩每車用輪三箇每輪排鐵齒四十每齒長五寸輪身用鐵箍四道間釘鐵杈如八卦式用船牽挽而行泥可翻動顧嘗試之於順水尚可流行逆水則船重難上車亦無從置力此外尚有泥犁等具均備疏濬之用大約重則沉滯輕則浮漂非利器也姑存備考

清河龍式

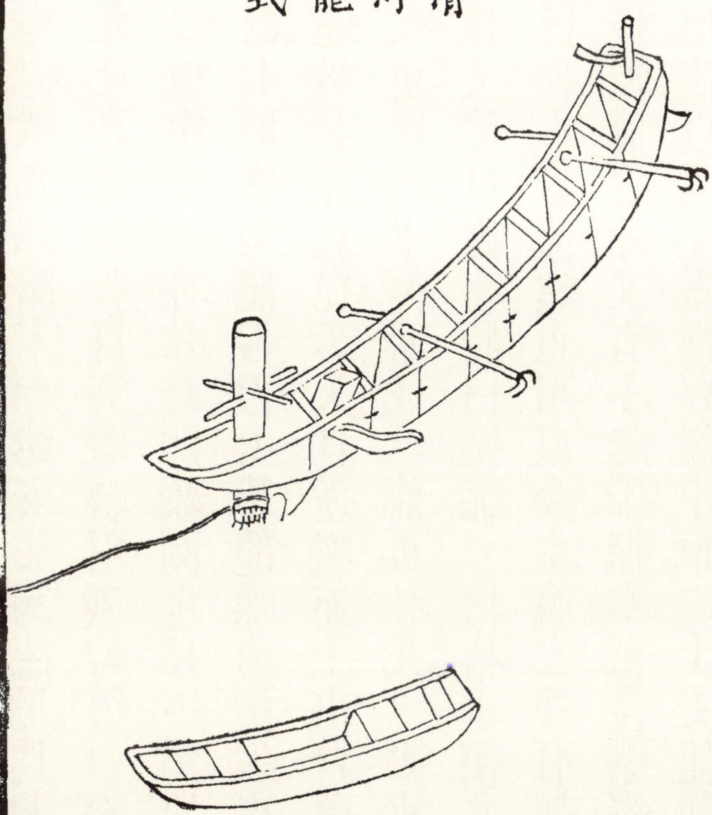

此具創自黃司馬樹穀凡九艙末一艙安舵爲龍尾其七爲龍腹每艙寬八尺長九尺高六尺各自爲體聯以鐵鈎第一艙爲龍頭長二丈頭上合二板中安一柱柱身即絞關也柱下圍以鐵齒柱後爲龍口口内之末用鐵爲龍舌舌上爲龍喉内襯鐵皮其法以人推關船自前進齒動泥鬆從舌入口逆喉而上出口落艙一艙滿就隄卸泥以次更換卸畢復聯成一龍再柱凡十眼水漸深則柱漸下口亦漸長又龍口内有物曰探泥一曰格水使水不得入喉喉之外有板曰批水象龍頰也用以分水腹之外有把曰剔泥象龍爪也用以梳泥龍之外又有小船備探水深淺繫繩解卸等用名曰子龍其用法以兩龍繫繩對繳中距二十丈龍既對頭河

底自深前人曾如法試之運河不無小效黃河則隨過隨淤竟屬無用姑存此圖備考

換牌

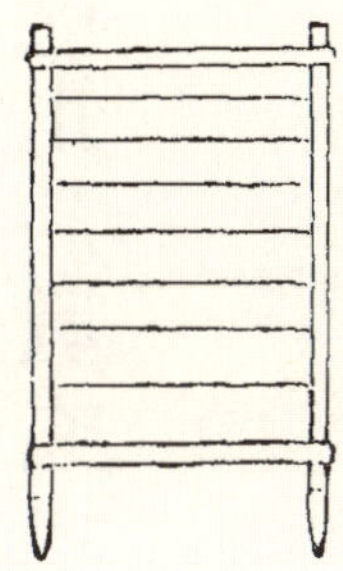

過水板

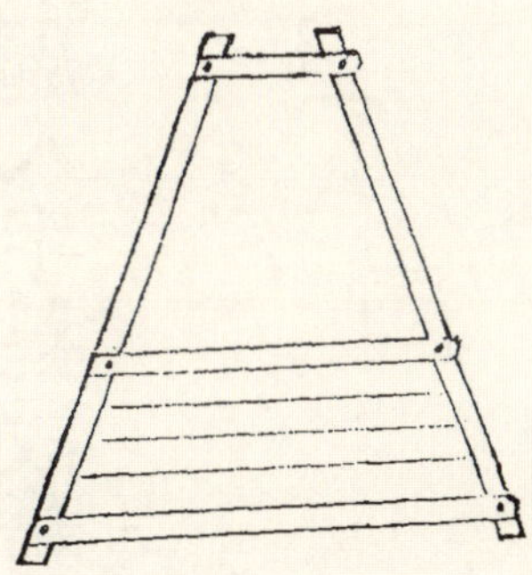

六書故挨旁排也揚子方言强進曰挨正字通凡物相近謂之挨挨牌逼水板皆運河淺滯純用人力逼水行沙之具其制挨牌上下相同逼水板上窄下寬約高六七尺寬三尺中安横櫬三道兩面横釘厚板用人夫在背後擎托立淺水處八字擺設藉以逼刷深通然祗能用於數丈之地長則無益

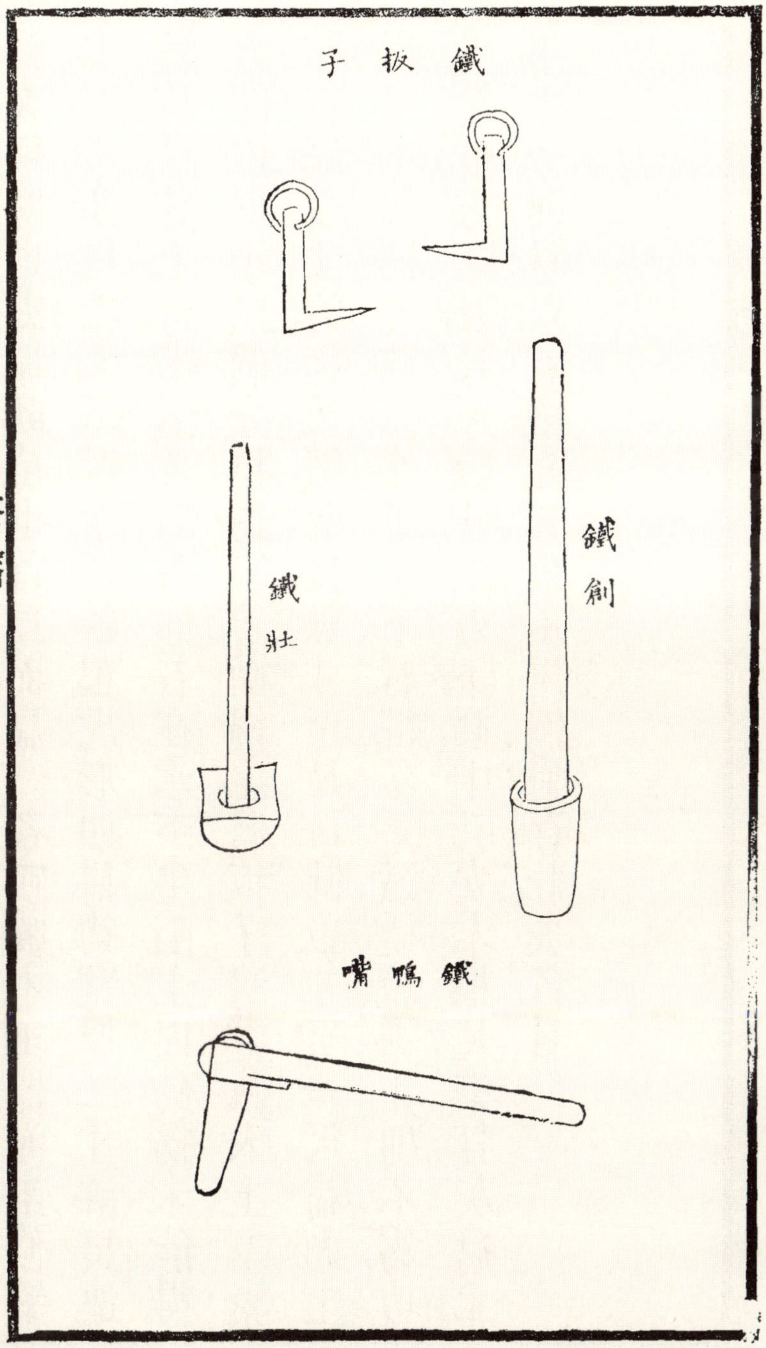

鐵扳子
鐵壯
鐵剷
鐵鴨嘴

釋文鋤助也去穢助苗也首長而扁一名鴨嘴本田器河工修築土石工亦用之又鐵扳子俗名狠虎形如扁鈎寬厚二寸許長連灣鈎尺許上有鐵環凡鈎石如石在水下半陷土内鈎撈未能得力即以扳子二個分扣鈎竿千觔繩上將扳子灣處栽入土下緊貼石底以便鈎起又鐵創長數寸至尺許圓數寸至一尺扁頭上以堅木爲柄凡補修石工水下石縫參差鐵撬短細非創不爲功又鐵壯方不及尺厚數寸上方下圓中孔安木柄凡築打灰角土用之今則易以石硪此具久不用然尚存壯夫名目

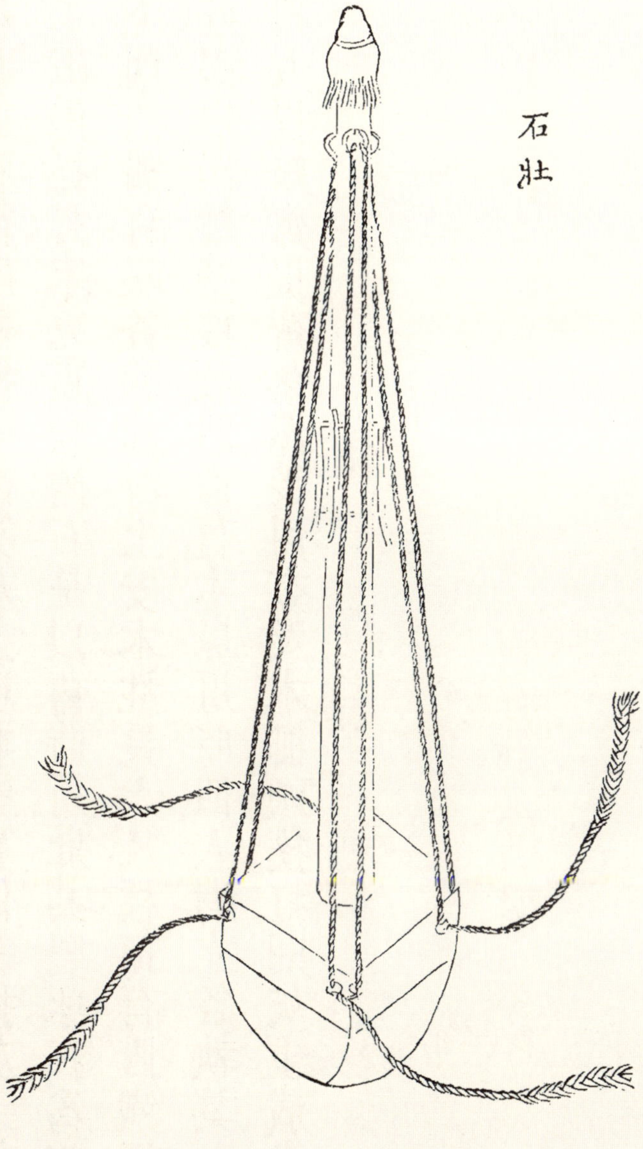
石壯

凡修建石工石後砌磚櫃磚後築灰土以期堅實但築打灰土若用硪工硪係拋打未免震動磚石是以舊時用壯其製琢石爲首上方下圓四隅有眼各繫蔴辮上安木柱長六尺柱頂有四鐵圈緊對壯隅以繩絆緊柱腰四面有木鼻用時四人對立各執其一再以四人提辮齊提齊落然後用夯及木榔頭撲打則灰土成矣

油灰碾

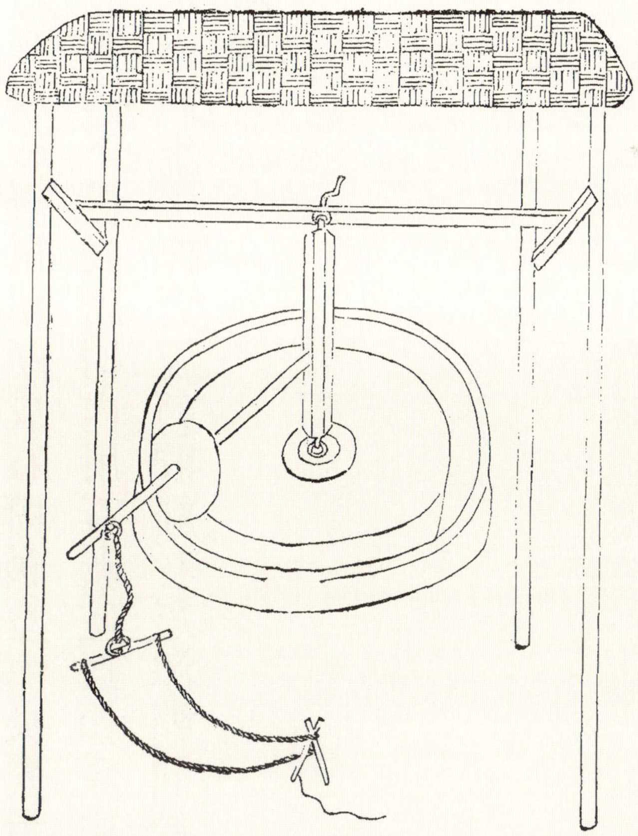

集韻碾水輾也轉輪治穀也凡修建閘壩須用油灰以資膠固其合製之法用石碾石碾週圍砌成石槽碾盤中央安置碾心木上下有軸上置碾擔下置碾臍槽內用石碾砣形如錢中安木柄一頭接碾心木一頭駕牛俾資旋轉貯細石灰淨桐油於槽內務使油灰成膠爲度

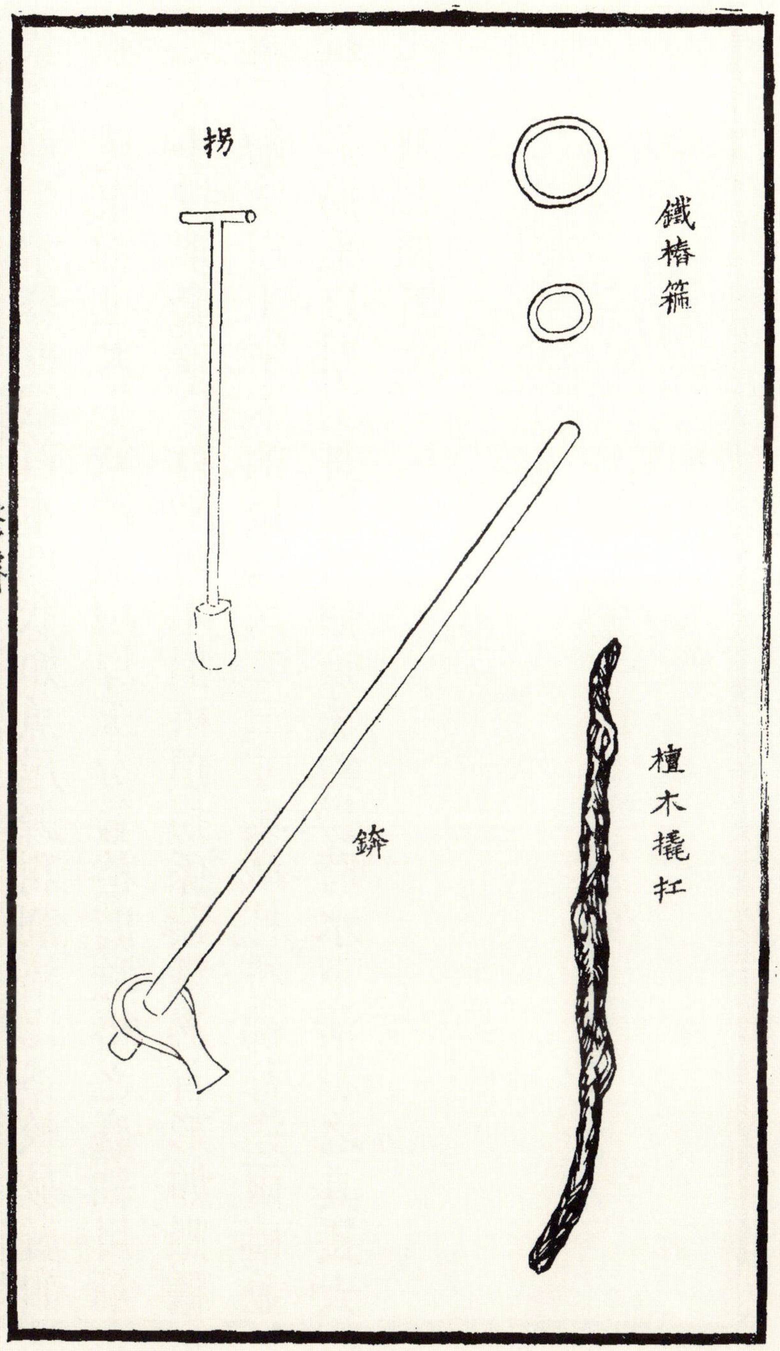
河工器具圖說　卷二　修濬
拐
鐵椿箍
鏟
檀木撬扛

集韻錛平木器也鐵首木柄狀如魚尾鋒利削樁比斧較易廣韻箍以篾束物也大小鐵樁箍均厚五分簽樁時驗樁之麤細用箍之大小按項套護庶行硪時不損樁項拐係鑄鐵爲首形如懸膽重二觔受以丁字木柄長二尺二三寸與鐵杵彷彿每逢兩樁並縫用拐搗築以期堅實檀木撬損係鈎撈時水下活石之具長六七尺取其便耳

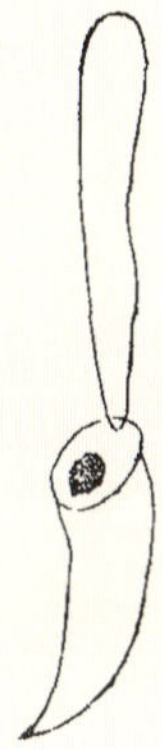
角硯

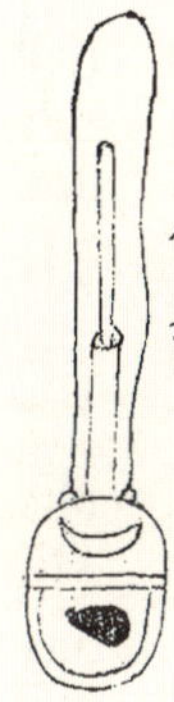
佩硯

櫻印

印桶

驗工器具除皮灰印木灰印外又有櫻印以數寸木板不拘方圓編櫻作字印桶以木為之身淺深高內貯薄蒜灰土桐油以便臨工查收時蓋印記識即遇雨水不致滌去又佩硯或角或銅均用新棉一小團飽染墨水塡貯其中同筆繫帶為隨時估收登記之用

槽桶

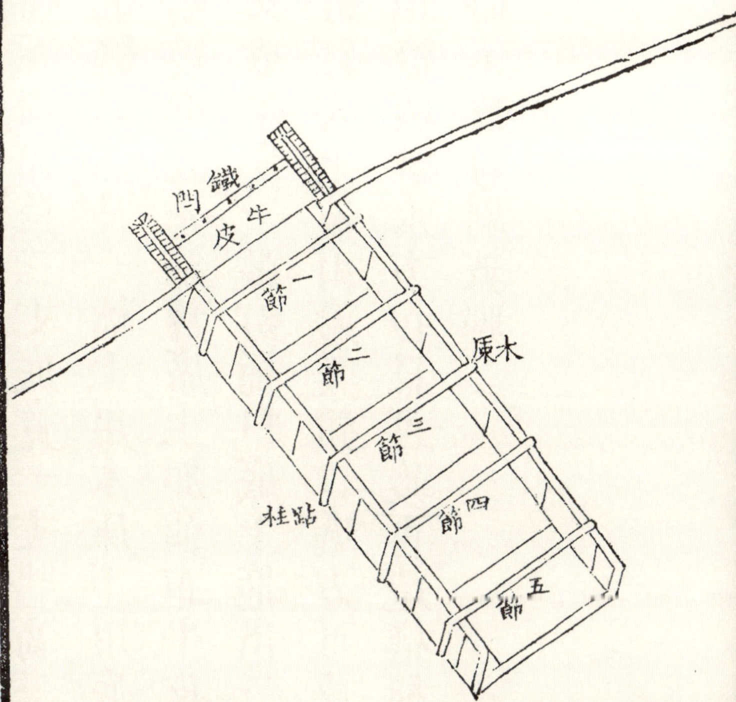

槽桶以木爲之大桶五節節長三丈底寬一丈牆高三尺凡安槽桶先用麻擣油灰艌縫隔三尺一檔上用木康下用底托兩牆各設站柱排釘堅固然後刷隄先鋪蘆席上加油布牛皮將桶安好三面用淤土擁護又取牛皮一張釘桶口底上拖出三四尺鋪平以鐵門壓定用大釘釘入土坡兩邊築鉗口墻方可放水較量淺深以次落低如係積潦核計水方扣日可竣再造槽桶長短先量隄頂寬窄庶啟放時不致勾刷坡脚

河工器具圖説

長白麟　慶見亭纂輯

卷三　搶護器具

木夯　鈎夯
戧樁船
大樁　替樁　梯鞋
雲梯　高櫈
雲硪
埽枕
木榔頭　木斧　鉞　斧
月鏟
抓鈎　鐵錨
鐵橛頭　鐵杈

竹簍　荆簍

大埽

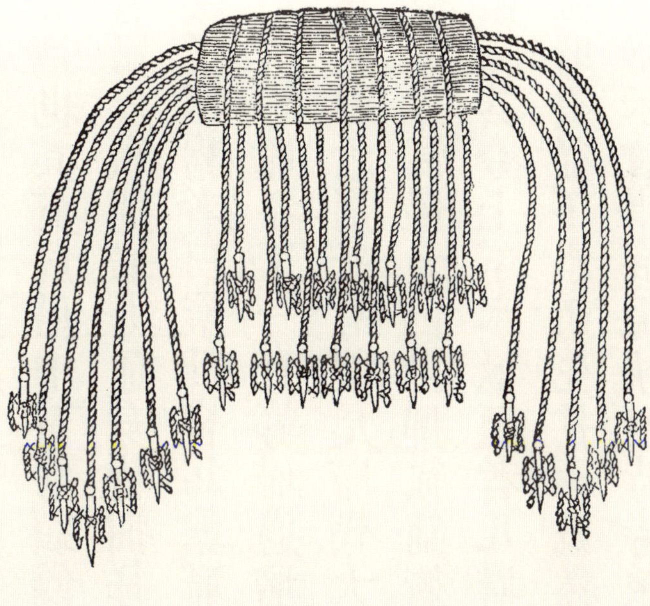

埽卽古之茭防高自一尺至四尺曰由自五尺至一丈曰埽史記河渠書下淇園之竹以爲楗是也其貫於埽中而兩頭餘出甚長者曰揪頭連埽兩頭所捆者曰邊戰連埽外通身皆捆每離五尺一根者曰底鉤埽中段用纓子捆紮者曰滾肚皆爲繫埽之繩逐項有橛橛長四五尺五六尺不等埽名不一有等埽邁埽肚埽面埽套埽護厓磨盤雁翅鼠尾蘿蔔之別又有龍尾埽伐大柳樹連梢繫之長堤根隨水上下破嚙岸淚俗名曰掛柳從鋪衡鋪卽俗謂丁廂管心索卽俗謂揪頭繩其分上下水揪頭者凡埽下水頭必高上水頭二三尺不等拉時須從下水頭先拉兩號然後一齊叫號兩頭自然平整埽初下時未曾得底繩橛須時時派兵看守

緣揪頭過鬆則無力鈎戧過緊則發橛迨埽沉水即行加廂每尺壓土五寸廂二尺用騎馬一路俟埽平水簽釘長樁釘樁須靠山迎上水不宜陡直否則防推埽離當倘水深溜急新做之埽身輕難以下墜每坯必高廂料厚四五尺不等再點花土如已得底方可用重土挨坯盤壓但此論尋常廂做設遇脱胎陡蟄即爲搶廂顧名思義自當以速爲主而廂做之法仍不外是

捆廂大船

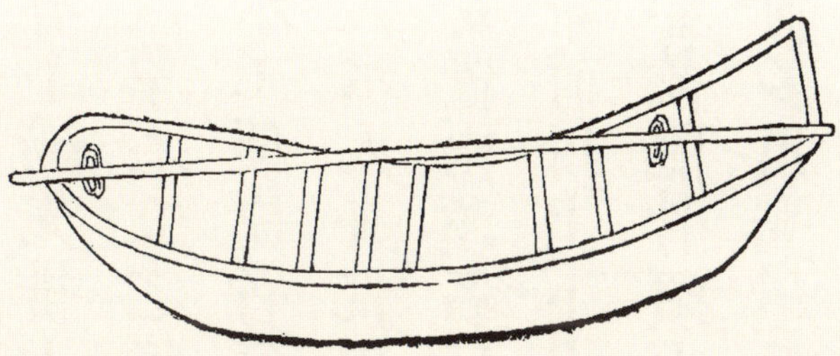

方言自關而西謂舟爲船自關而東或謂之舟劉熙釋名船循也循水而行也至正河防記賈魯下埽先排大船二十餘隻以麻竹束縛連爲方舟用竹編笆夾以草石立之桅前名曰水簾桅復以木搘住使簾不偃仆然後選水工便捷者每船二人各執斧鑿以鳴鼓爲號一時齊鑿須臾舟穴水入舟沉遏決河水怒溢今則用大船捆廂船上紮稭捆二箇安置兩頭名曰龍枕上卧大木一根名曰龍骨廂埽時將船泊於埽前用上下水揪頭繩纜繫於龍骨兩頭除埽徐徐推下而船仍如故龍骨須大木急切難購多用船桅但此係捆廂正法近時東河多用兜纜軟廂較爲便捷如遇大汛溜急之時仍非捆船不可

葦纜

麻纜

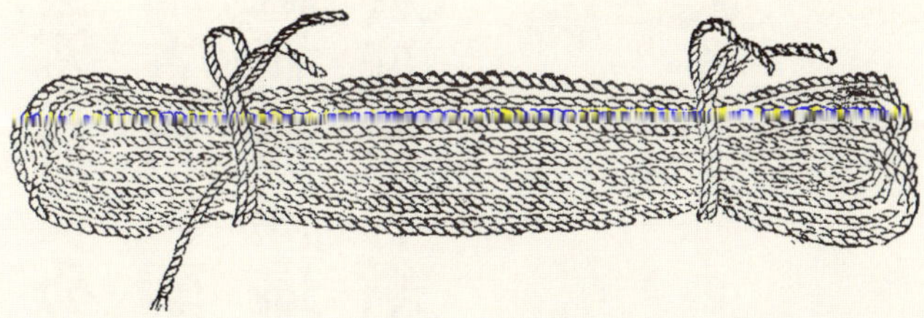

玉篇纜維舟索也物原軒轅作綿索堯作維牽小爾雅大者謂之索小者謂之繩纂文竹索謂之筰漢溝洫志云搴長茭兮湛美玉注臣瓚曰竹葦絚謂之茭所以引置土石也師古曰絚索也茭字宜從竹今河工所用麻纜卽綿索葦纜卽葦絚捆船廂埽非此不爲功然維持得力麻勝於葦入水耐浸葦勝於麻若竹纜質硬而脆用以維舟則宜

蹄腦

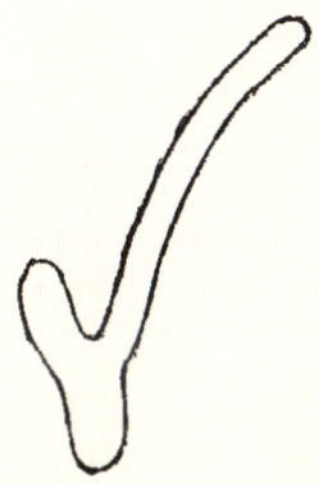

鍬頭繩橛

鈎繩橛

橛說文杙也爾雅釋宮樴謂之杙注橛也蓋直一段之木也列子黃帝篇若橛株駒注斷木詩小雅既備乃事疏引漢農書云孟春土長冒橛陳根可拔耕者急發如揪頭繩鉤繩等橛皆埽工所用鉤繩橛長四五尺揪頭橛長五六尺又大埽沉水既已到底將纓子頭用小繩挽結緊實再用柳橛有倒鉤者釘繩頭於埽內名曰埽腦

騎馬

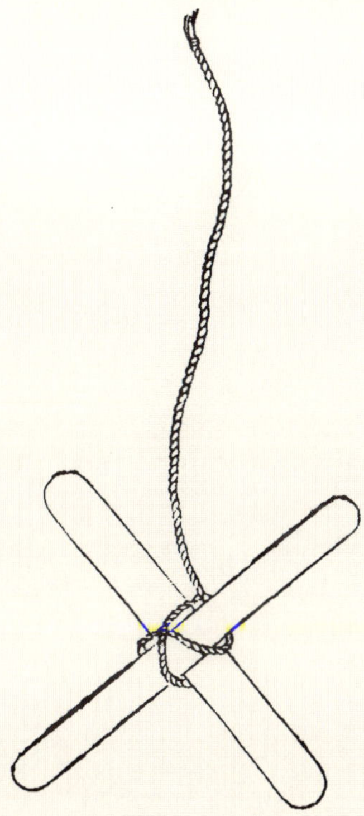

騎馬橛

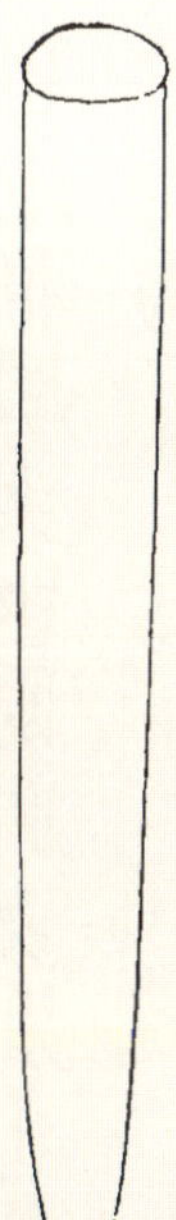

騎馬以二木釘成十字長四五尺有一騎馬必有一纜一橛是以騎橛爲一副廂埽一坯須用騎馬一路恐埽往前游釘橛攔住則埽穩固矣說文騎跨馬也逸雅騎支也兩脚支別也以一木跨於一木之上而脚支別故曰騎馬

河工器具圖說　卷三　搶護　七

說文搶丮擣也丮持也象手有所丮據也讀若戟擣手椎也壩臺土頭結實須用搶橛先搶成穴則鈎椗揪頭橛易於深入矣齊板一名邊棍廂工堆料所用一恐埽眉參差不齊一恐料垛凹凸不平用此拍打以期一律玉篇齊整也故名之曰齊板

太平棍

跳棍

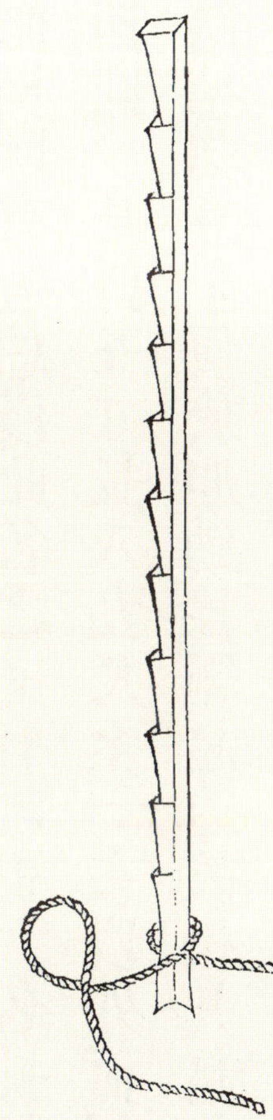

太平棍約長三尺下帶彎拐新做之埽層柴層土按坯加廂每廂一坯繩隨埽下拴橛之結徐徐鬆放此棍用以挑鬆結續埽因之而得底俗名日開棍因有避忌以此名之又有跳棍一名挑桿擇堅勁之木爲之圍圓一尺四五寸長八九尺至一丈以外面刻梯級便於上下蹁踏稍刻月牙便於加勁拴繩起擰故橛凡起橛均在埽段穩定以後橛眼務塡補堅實說文跳躍也六書故大爲躍小爲踊躍去其所踊不離其所使故橛躍然以去其所則非跳棍不爲功

木竿

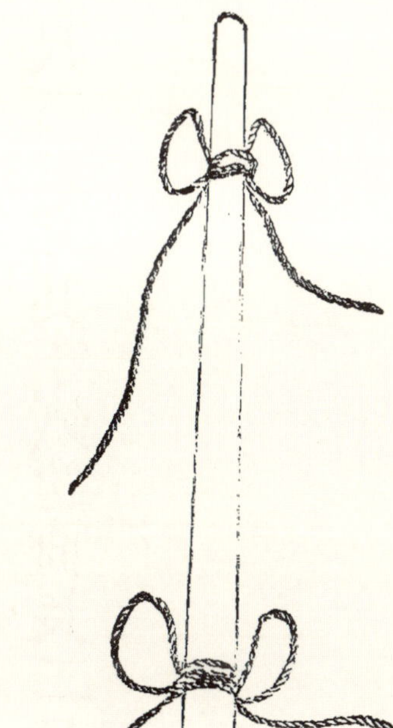

鈎竿

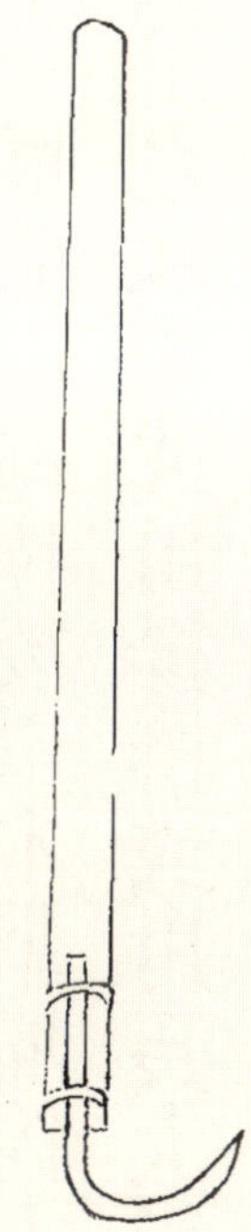

字彙屋斜用牮又以木石遮水亦曰牮木牮一名牮桿埽至河涯人不得力須用木牮視埽長短每埽檔長一尺用行繩一條每行繩兩條中用牮木一根前以繩拉後以木牮埽箇方能捲緊行速凡撐枕撐船皆須用之木牮或用楊椿或用長大杉木均可近時購材爲難多以大船二桅代之又有鈎牮專用以啓閘板每根長三丈六尺圍圓一尺二三寸其下鐵鈎曲長二尺許寬二寸束以鐵箍二道

戧樁船

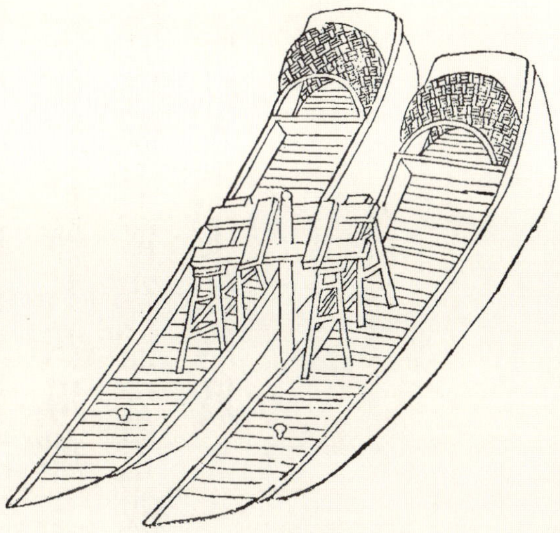

戧椿爲下埽栓繫揪頭纜之用所關最重黃河隄壩寬厚地脚易擇惟洪湖下埽兩面皆水必須選長大椿木簽釘湖心以爲根本而水深溜急顛簸不定簽釘甚難其法用船二隻首尾聯以鐵鍊每船設高櫈一具上搭蹉板中留空檔安置戧椿選椿手攜硪登板逐漸打下較準水深以入土丈餘爲度

簽大椿式

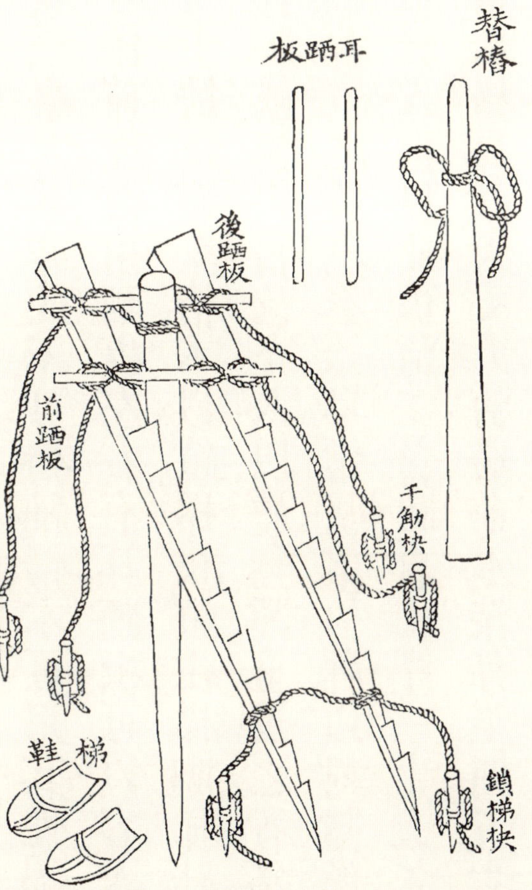

下埽穩固應簽大樁若埽臺鋪柴多樁木撐起兵在上面打樁恐新埽易致落空必用梯鞋方穩否則梯尖插入埽臺急難復退樁受傷人落河矣軟埽臺尤其非此不可樁維楊木可用其性綿杉木性脆斷乎不可梯前後必用跴板左右有耳跴板可以容人足管定樁木四面用千觔桊鎖緊樁木以鎖梯桊鎖住梯脚梯鞋剏木肖鞋形以承梯脚戴侗六書故今人以履無踵直曳之者爲靸中華古今注靸鞋蓋古之履也秦始皇常靸望仙鞋以對隱逸求神仙梯鞋古之靸鞋式也但此係河工舊制自乾隆三十六年以後槪不簽樁緣樁木極長五六丈大河埽前水深每至四五丈加以埽高水面二丈計高深六七丈埽心簽樁斷難入土即或水淺

之工入土亦不過丈許埽大樁淺何能屹立倘埽一蟄動樁鞭於中轉難加廂搶壓實屬無益惟尋常淺水河身形如鍋底埽工游蟄不止者得此自臻穩固

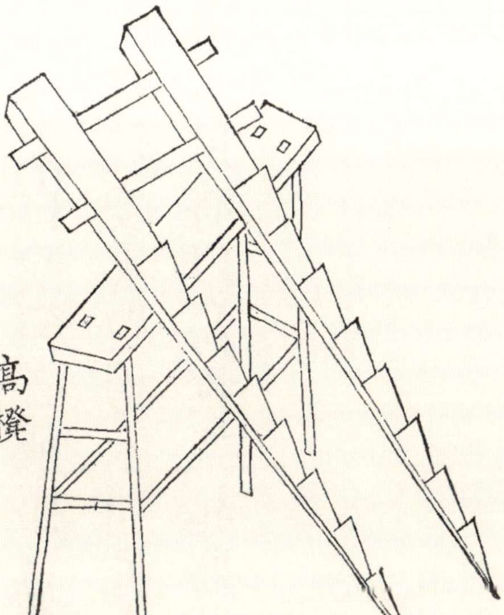
雲梯
高櫈

事物紺珠梯木階軒轅制續事始雲梯魯人公輸般造毛詩注鈎援鈎梯也所以鈎引上城即雲梯也雲梯打樁所用梯之高矮視樁之長短爲率約在三丈以外梯用二木鋸級兩人並上謂之雲梯亦猶通天臺上之通天梯太白陰經之飛梯言其高而已櫈正韻音凳几屬晉書王獻之傳魏淩雲殿榜未題匠人誤釘不可下使韋仲將懸櫈書之雲梯不用時以高櫈架起將草覆蓋恐日久朽爛用時人夫受傷耳

雲礅

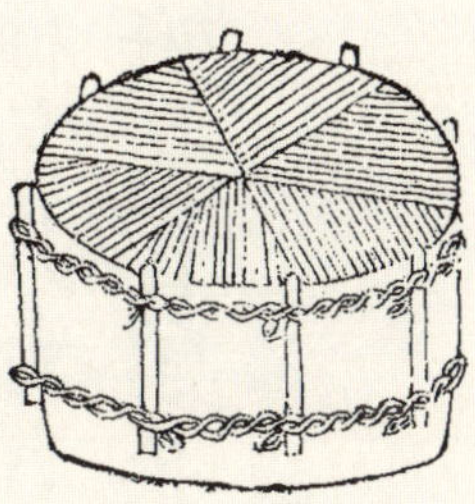

雲硪鑿石如礎厚數寸比地硪輕一二十觔打硪兵夫用十二名硪肘雞腿俱用雜木全恃盤硪之人盤得結實硪夫在梯上用以簽樁樁高則硪自空而下有似雲落故曰雲說文硪石巖也玉篇砐硪山高貌郭璞江賦陽侯砐硪以岸起注砐硪搖動貌未聞用以名物顧硪夫舉硪聲揚則力齊其音類莪稱之曰硪殆六書所謂諧聲者乎

埽枕

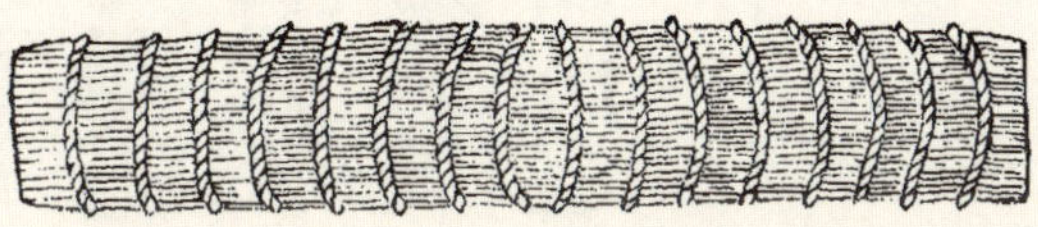

枕長數丈至十丈許不等大埽上面所用先用小繩挽住後尾再用木簽在枕上一路實釘然後在裏面加土即遇大汎盛漲水上埽面能收淤閉之效又漫灘水抵堤根過於寬深堤爪恐有風浪汕刷之處應先紮枕備防臨期將枕推入水中用小木簽釘住使水流少緩亦必停淤矣禮記少儀篇頍注頍警枕也謂之頍者頍然警悟也擱土而曰枕其有先事預防之警歟

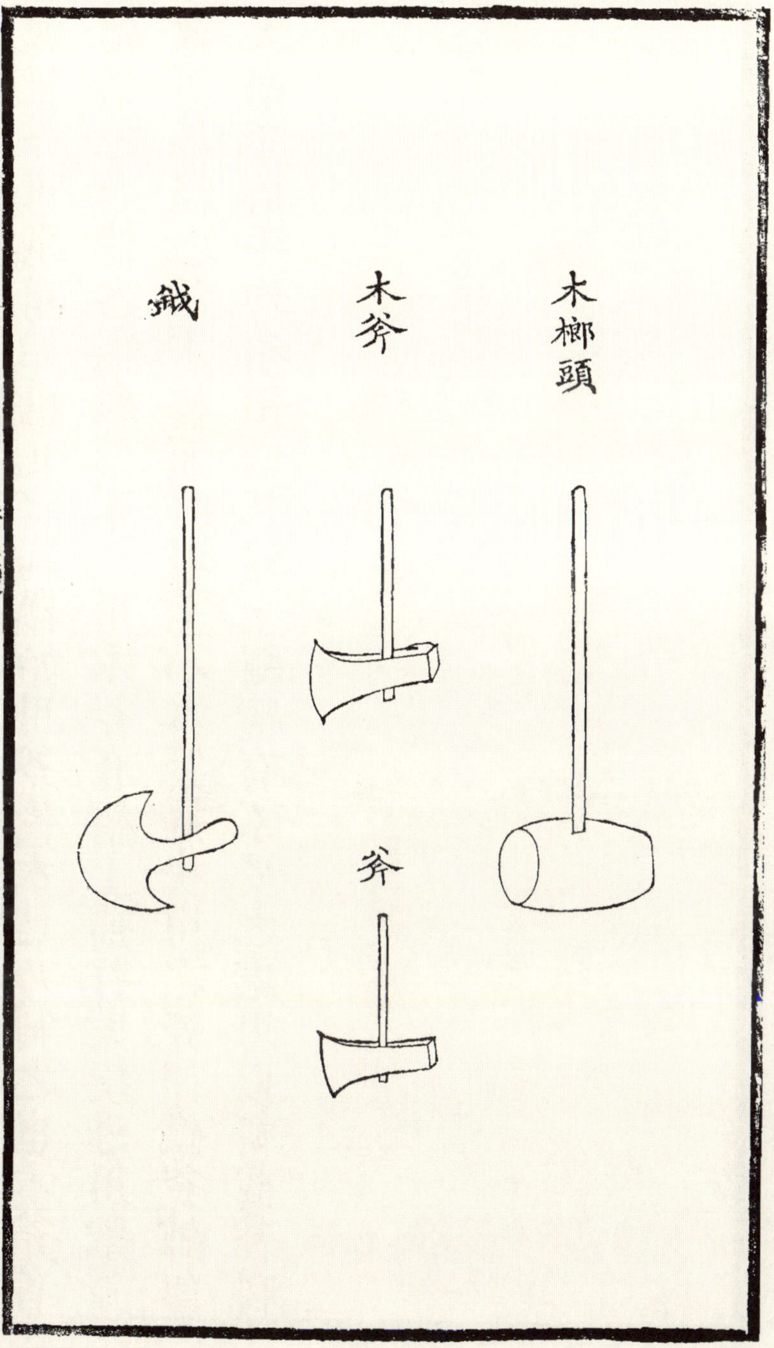
木榔頭
木斧
鉞
斧

逸雅斧甫也甫始也凡將制器始用斧伐木已乃制之也木斧者鑽樁之物倘各繩鬆緊不一用木斧在樁上播打緊凑恐用鐵斧致傷各繩之故木榔頭打埽上小木簽擺柍用之斧即鐵斧鉞即大柄斧樁手均須預備凡埽上繩纜有不妥之處用以斬截甚利

月鏟

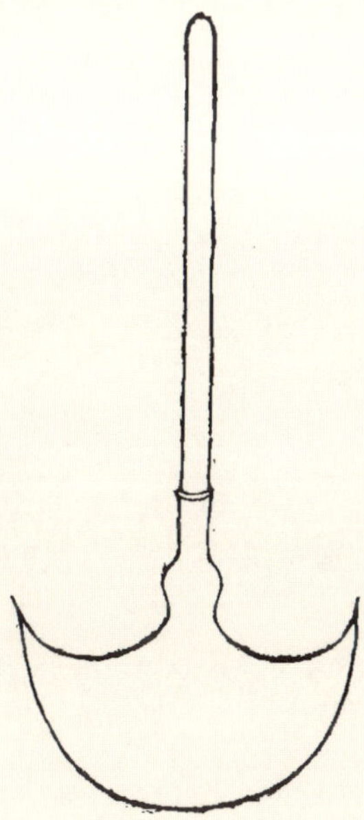

古史考公輸般作鐽說文鐽平鐵博雅籛謂之鐽木華海賦鐽臨厓之阜陸杜甫詩意欲鐽疊嶂鐵首木身形如半月凡舊埽舊樁樹根盤踞埽眉不齊皆用之

泒鉤

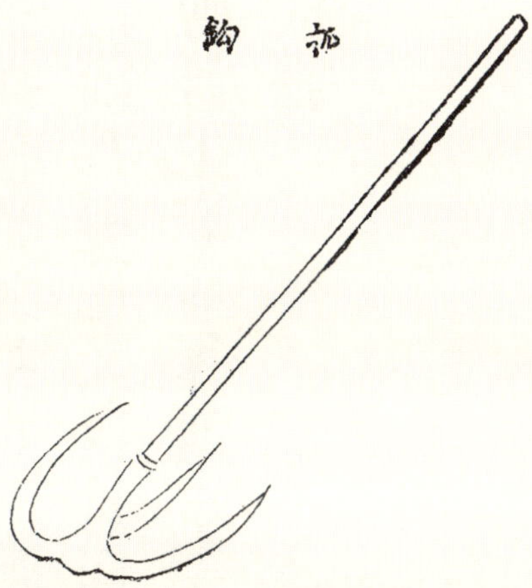

鐵錨

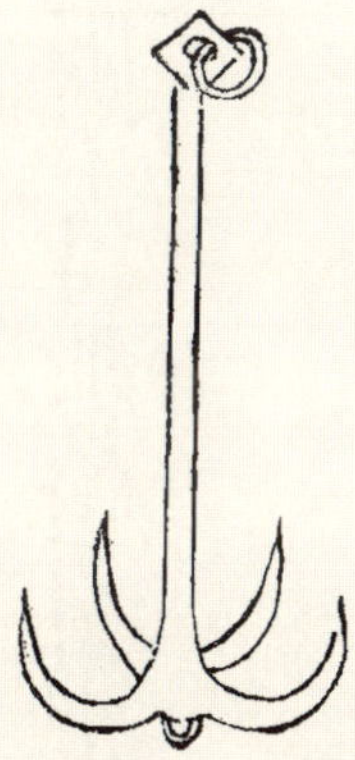

韻會古兵有鈎有鑲皆劒屬引來曰鈎推去曰鑲純鈎劒也吳鈎刀也刈鈎鎌也鈎之名不一鈎之用亦各不同抓鈎係拆廂舊埽所用博雅抓搔也又招也三股内向如搔手然故名俗書刊誤船上鐵猫曰錨其製尾爻四角向上首戴鐶以鐵索貫之投入水中使船不動河工廂埽每遇水深溜急提腦不得戧樁用錨掛纜謂之神仙提腦

鐵橛頭

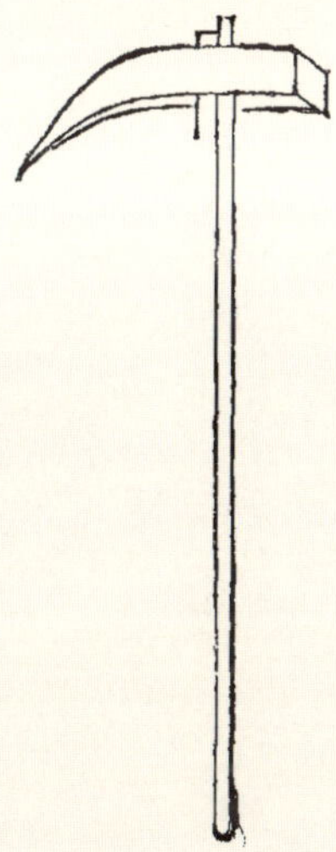

鐵杈

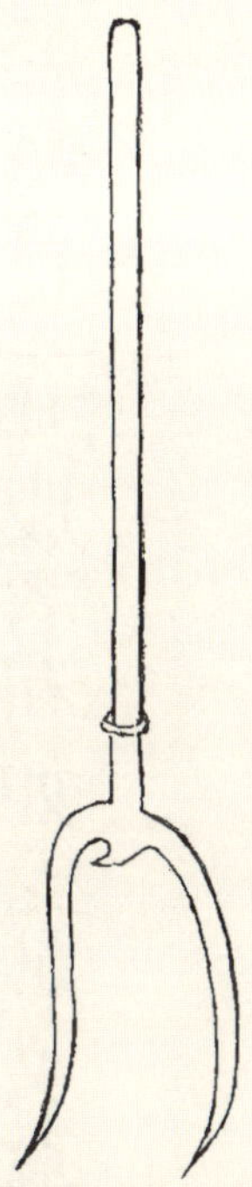

鐵鍬頭一名銛鏩鍤臿鍬之爲言掘也持以刨挖東土物原神農作鉏耨以墾草莽然後五穀興則鍤蓋神農造也鐵杈説文杈枝也徐曰岐枝木也木幹鐵首二其股者利如戈戟叉軟草填埽眼挑碎稭用之

逼凌椿

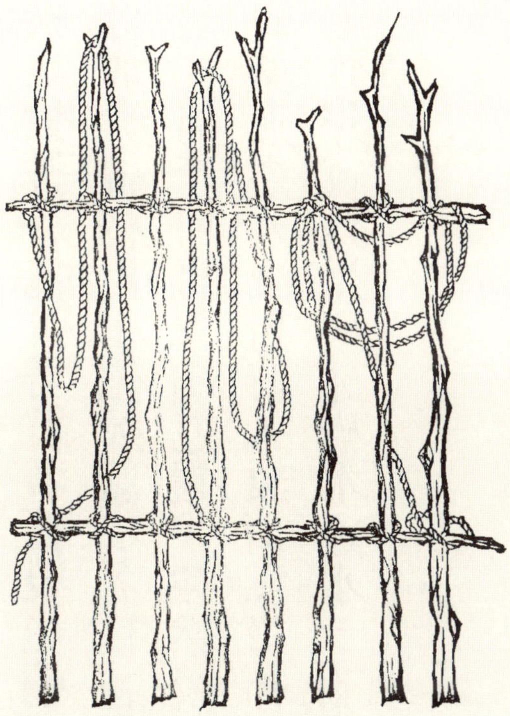

搪凌把

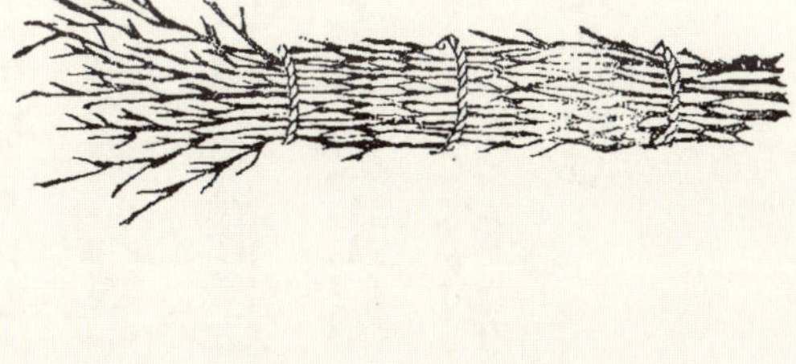

上游氷凌隨水而下謂之淌凌或大如山或小如盤其性甚利埽段遇之最易擦損則用丈餘長木排護迎溜埽前名逼凌樁又用細木二三根紮把排於迤溜埽前名攩凌把倘逢溜急凌大之時樁把以外仍加大柳樹以粗鐵鍊繫之名臥樁以作重衛惟是排樁之法必須先將下節用蘇纜連環扣住然後入水再於上埽生根用細鍊扣緊庶幾氷凌過時不致擠動仍擦埽眉又凌鋒利能截木必用毛竹片或鐵片密釘樁木迎水一面方免此患

打凌槌

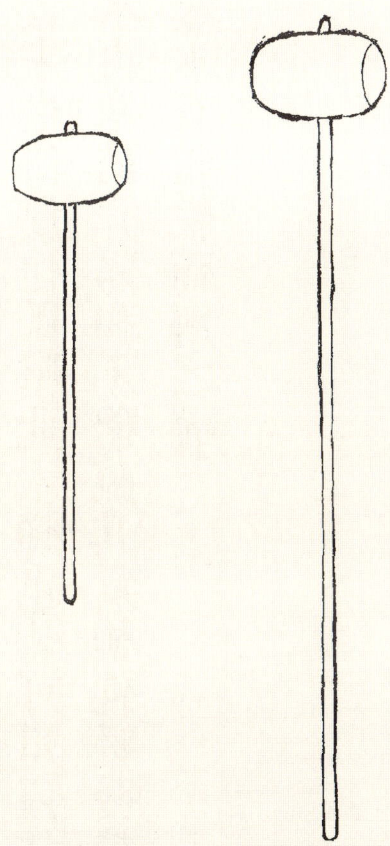

禮記孟冬之月水始冰地始凍仲冬之月冰益壯季冬冰方盛水澤腹堅命取冰冰以入則鑿冰宜急矣鎚有石有鐵有木說文硾擣也呂氏春秋硾之以石此石鎚也抱朴子偃葯卷以鐵鎚鍛數千下此鐵鎚也魏書朱崇傳雙槌亂擊此木鎚也皆可用以打夌者而柳根尤佳緣冰由寒結非陽和不能疏其氣柳性暖發榮最早根大而重用以鑿冰有相悅而解之義

河工器具圖說　卷三　搶護

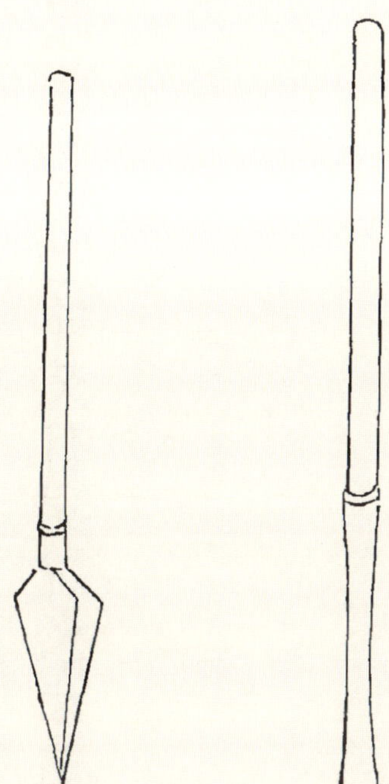

三十二

鐵穿其式兩頭似戈而寬大中挺圓又有橛形三稜均以堅木爲柄約長七八尺至一丈此船上用者易曰履霜堅氷陰始凝也馴致其道至堅氷也大河水潘不易結氷氷至於堅非鑿不可苟器勿備其何以鑿氷沖沖故鎚之外又有穿說文穿通也穴也夫然後氷可以斬矣

扒凌船

風俗通積冰曰凌冰壯曰凍水流曰澌冰解曰泮河工向有凌汛當冬至前後天氣偶和凌塊滿河擦損埽眉其病尚小所慮忽值嚴寒凡河身淺窄灣曲之處冰凌壅積竟至河流涓滴不能下注水勢陡長急須搶築而地凍堅實貿土難求每易失事所以必須多備打凌器具分撥兵夫駕淺如艑艖小如舴艋之舟各携器具上下往來以鑿之但船底須用竹片釘滿凌遇竹格格不相入庶幾可以禦之

鐵鍋

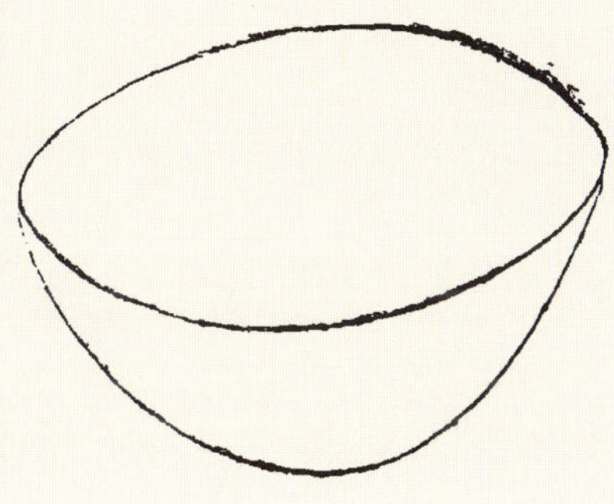

玉篇鍋盛膏器揚子方言自關而西盛膏者乃謂之鍋正字通俗謂釜爲鍋凡遇河水盛漲漫灘時大堤裏面忽然過水名曰走漏見有旋窩處卽是進水之穴蛟龍畏鐵故以鐵鍋扣住然後壅土自可化險爲平

瓦盆

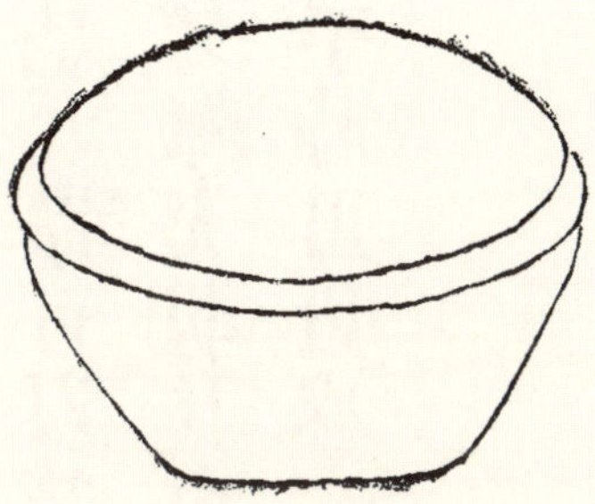

考工記盆實二鬴厚半寸脣寸禮記竈者老婦之祭也盛於盆尊於缾然盆有金有銅有錫有鐵有石有瓷至於瓦盆乃缶也易有孚盈缶漢五行志穿井得土缶師古注缶盎也即今之盆爾雅盎謂之缶郭璞注盆也邢昺疏缶是瓦器可以節樂地志廣陵龍潭寺僧得古瓦盆貯粟菽少許經夕輒充牣其中謂爲水宮神物仍投諸潭中　云今堡房例備二具平時用以盛米盛水急時以之堵漏其用與鐵鍋同

布口袋

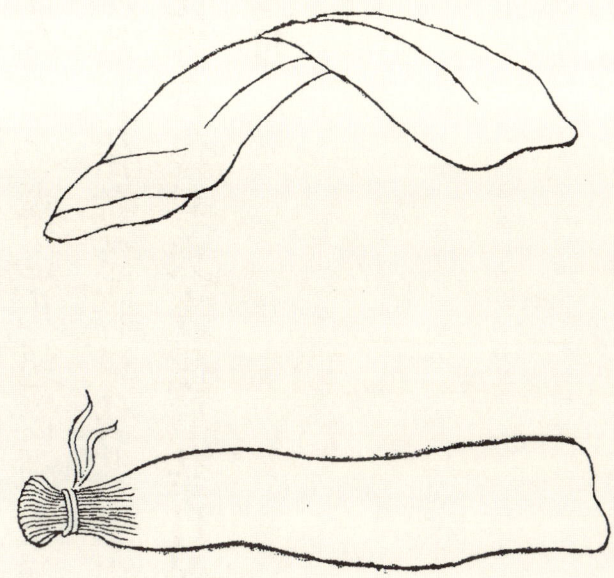

玉篇袋囊屬魚袋照袋錦縹袋藻豆袋算袋皆古人攜貯什物之具若今之布口袋即古有底之囊也凡遇漫灘走漏時其進水之穴形勢斜長非鍋盆所能抑住者急將口袋裝土兩人擡下隨勢堵塞即可閉氣然後從容齊集兵夫夯硪填墊自保無虞但袋中土不可裝滿以六分爲度

棉被

棉襖

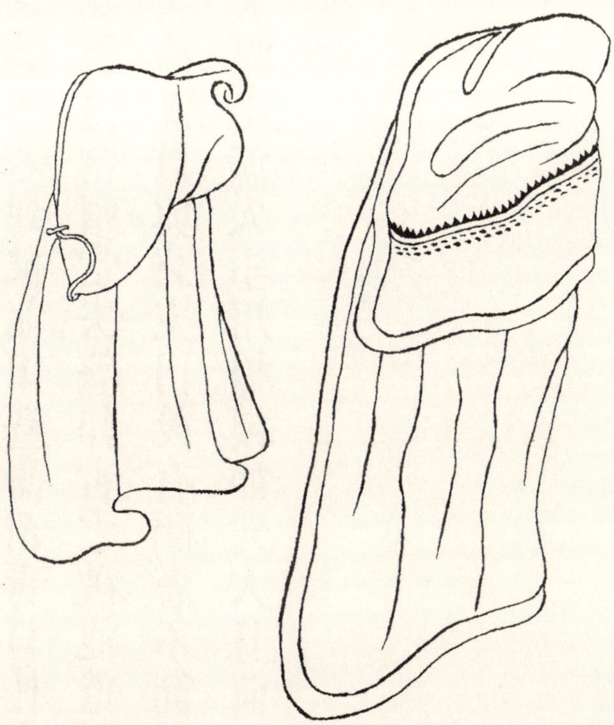

物原神農作被伊尹作襖釋名被被也被覆人也身章撮要大被曰衾單被曰禂宋子京詩春寒到被池田藝衡留青日札今之色被横其卧邊緣幅作異色曰當頭當去聲即古之被池遺製南史宋武帝微時有衲衣布襖既貴與公主曰後有驕奢不節者以此示之當大河盛漲時大隄走漏穴小用棉襖如穴大且曲必需棉被堵塞之法與布口袋同

石磨

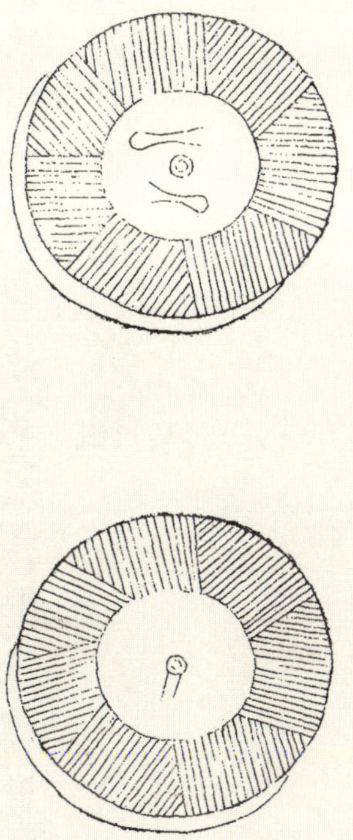

說文磨石磑也僧圜逸記都下寺院每用歲除鍜磨是日作鍜磨齋稗史類編後漢書云崔亮在雍州讀杜預傳見其爲八磨嘉其有濟時用凡遇大汛水漲洄激挂柳護堤非石磨不足以墜柳株久之上淤磨沉泥內掘出仍可用再夌汛時水澤腹堅一時難解用繩繫磨鑿氷亦以剛克剛之義也

河工器具圖説　卷三搶護　十九

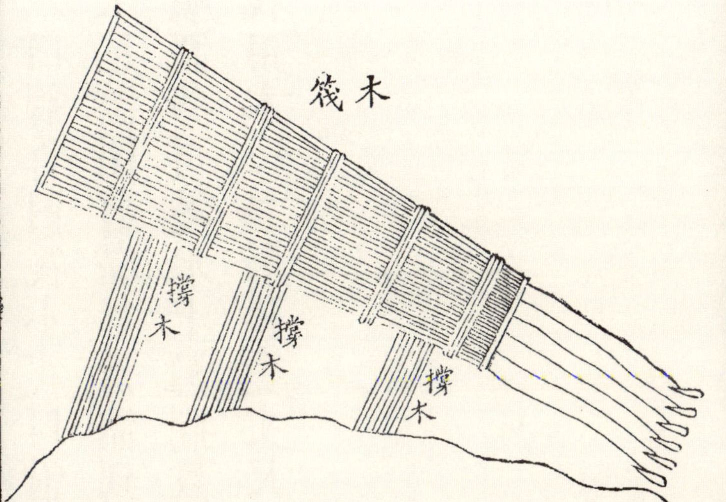

方言泭謂之䉀䉀謂之筏註木曰䉀竹曰筏小筏曰泭木筏又名木把係紮杉木製成凡工頭工尾淤閉舊埽忽爾溜到築埽不及趕紮木筏攩護後安撐木以順溜勢再漫水上灘攔截串溝及埽工搜後均可用此其紮法每筏用木一二層長寬丈尺隨時酌定

木龍全式

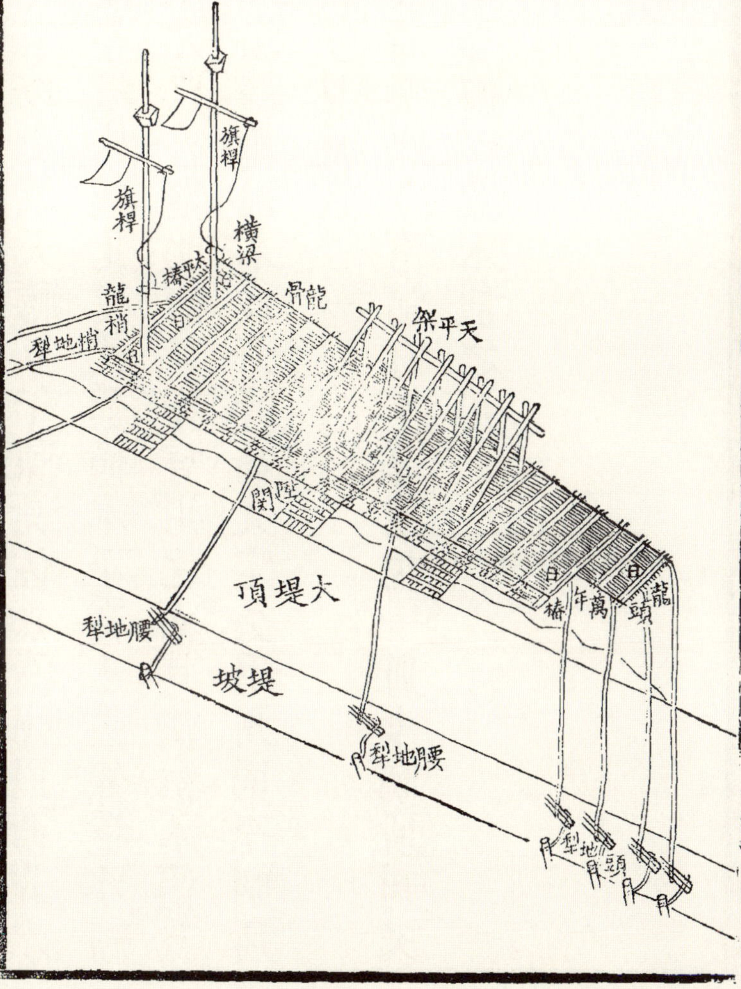

木龍之制剏始於宋按史載天禧五年陳堯佐知滑州以西北水壞城無外禦築隄疊埽於城北復就鑿横木下垂木數條置水旁以護岸謂之木龍元賈魯塞北河口亦曾用之而其法初不傳我朝乾隆初年陶莊漲灘屢挑不成河督高文定公用州同李昞所獻圖議照法試辦立見成效

高宗南巡閲視製詩奬勵今南河有木龍成規一册李昞所刊又外南營額設鈎手專備編紮木龍之用

木龍一層編底二三層横梁

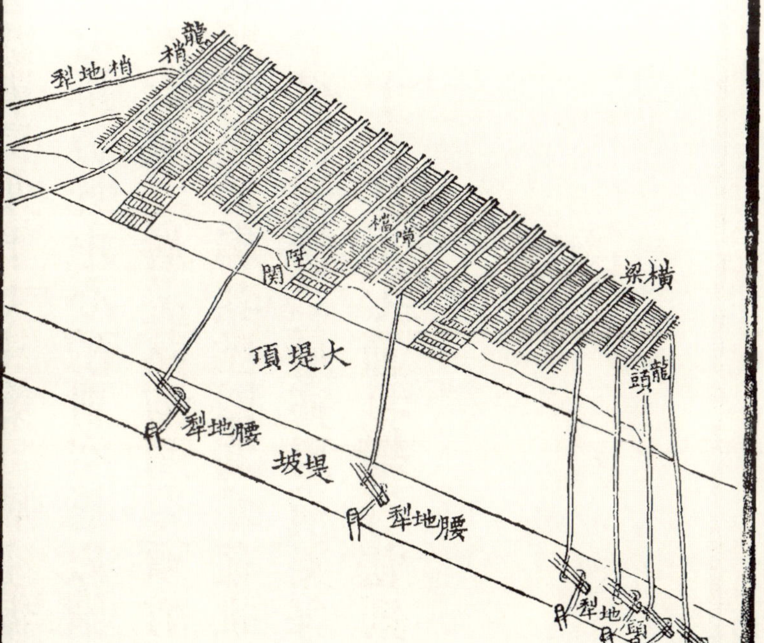

木龍每長十丈寬一丈九層得單長九十丈其第一層密編縱木爲底每排用木十三根共計七排仍於中心酌留空檔以備插障安截其二三層橫梁每道用木六根雙層疊紮均用犁頭竹纜兜縮下層縱木每間二根交股順去疊同編紮陞關爲牮龍挑溜之用其第一層亦用縱木每排十根計五排二層亦用横梁每道用木二段三四層各用直梁一長十丈亦用七節扣纜等法則均如紮龍式樣惟祇四層耳

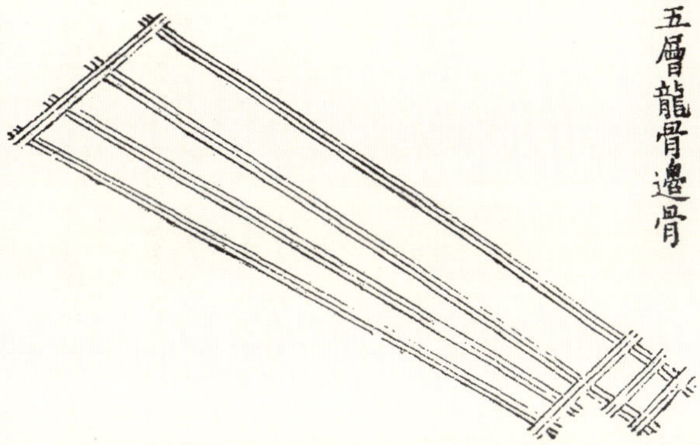

木龍四五層龍骨邊骨

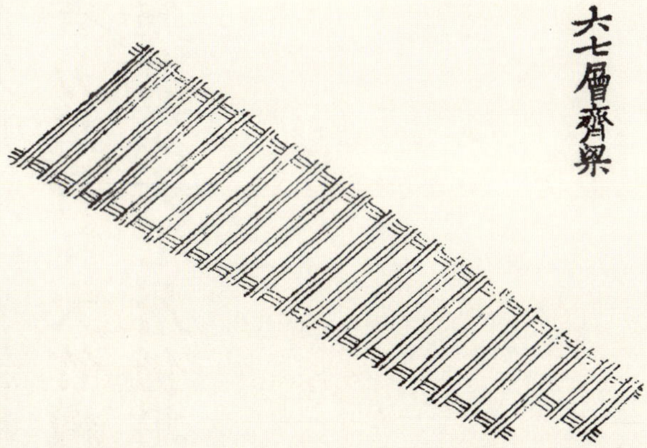

六七層齊梁

木龍第四五層曰龍骨用木六根曰邊骨用木四根均疊作雙層每節長一丈五尺計七節餘梢連搭次節先用連半竹纜雙行箍紮又用纜兜綰下層横梁其龍身寬長者另用行江大竹纜絞三爲一名曰龍筋每層各加二條節節扣緊其第六七層仍用横梁紮法如二三層一曰齊梁

河工器具圖說　卷二搶護　三十三

木龍八層縱木九層面梁

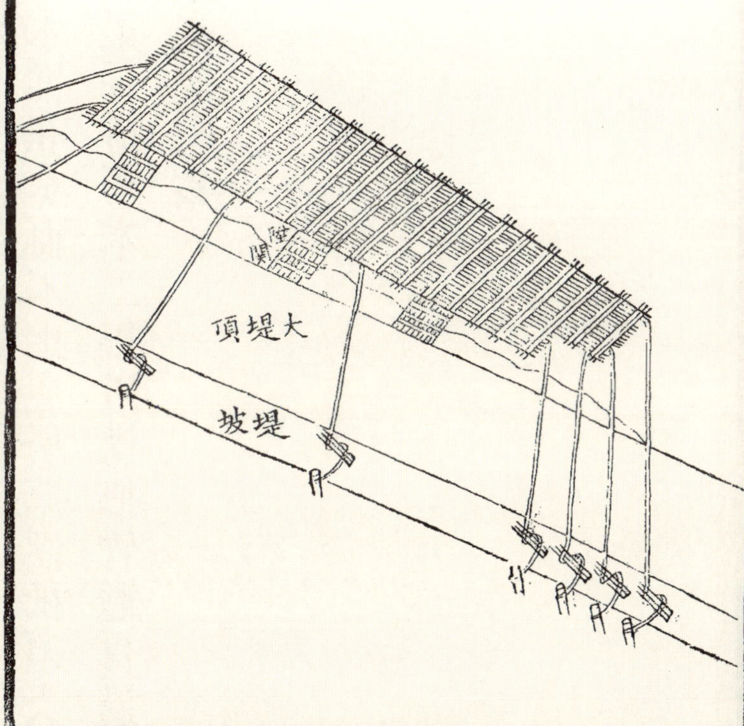

木龍第八層如第一層用縱木惟在水面不比底層搪溜祇須六排第九層仍用橫粱一名面粱每道用木二根以操把竹纜貫過八層縱木扣住六七層橫粱交股編紮

水閘

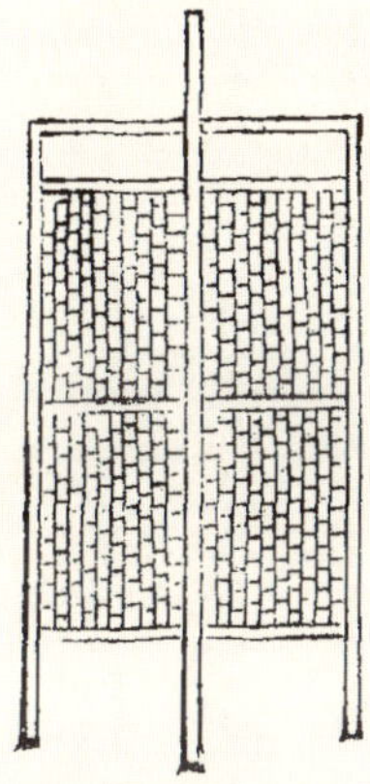

天平架

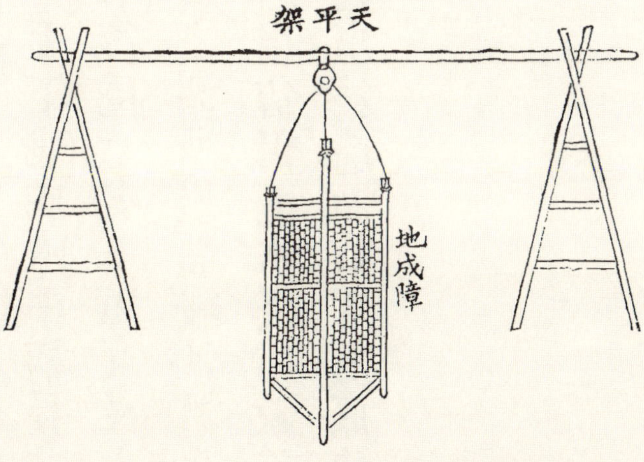

類篇架杙也所以舉物說文障隔也天平架每座用直木二橫木一左右架木仍各絜橫擔木三以便人夫上下地成障中柄長二丈一尺邊木長一丈八尺上中下橫擔木各長一丈下用交叉小木中編竹片從龍身空檔插下用截河底之溜所以溜緩沙淤化險爲平又有水閘一名水攔其法與編障相仿但直木俱用銳首障則施於大溜懸出龍底使之不激鬪則用於餘溜插入河底使之截流用雖少異功實相侔也

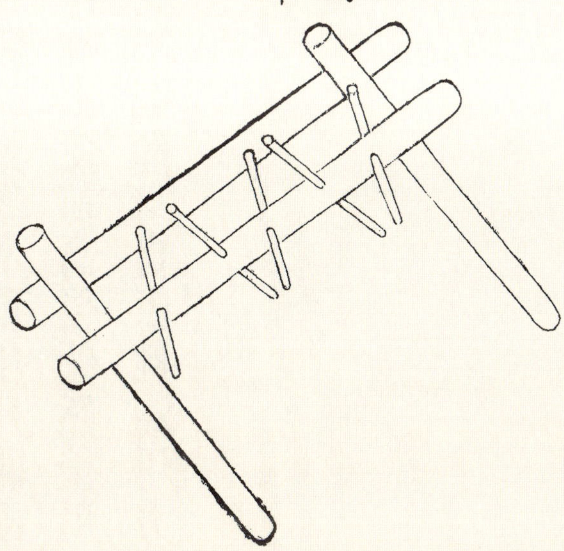
眠車

䡳車爲升龍之用每部長三丈需用四尺四楓木每間二尺鑿通交义圓孔仍留空處繫纜扣緊貸木頂住升關兩頭用枕木二擱住再用橫木一根墊起枕木使前高後低然後用八尺長檀木棍絞車向前推轉加緊收纜則龍身自出挑溜用力較省

大戧

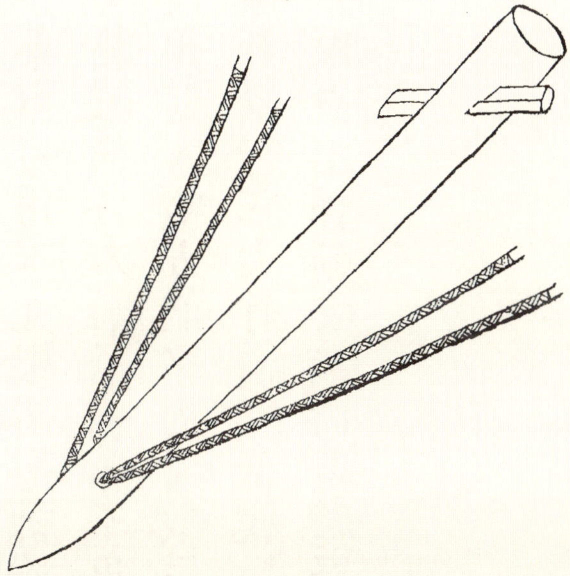

直柱

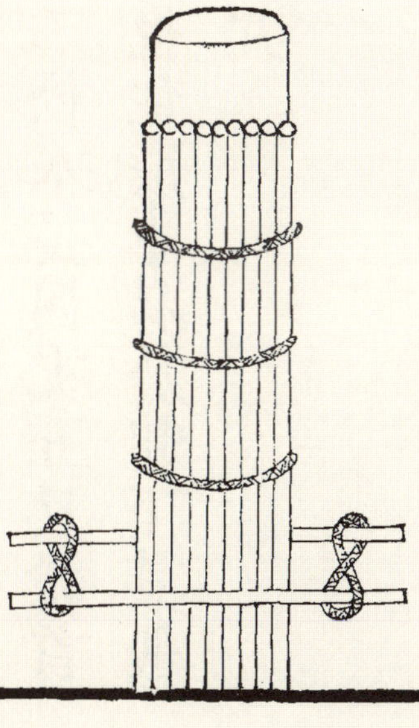

直柱爲龍身內繫纜要具需用三尺八松木長二丈下用횡木二根扣緊兩旁用木九根圍抱排擠以竹纜三扣箍紮豎於龍身底層仍於縱横各木層層擠緊至出龍面再用尺二抱木加纜箍定用以扣繫大纜方能堅固大戧用四尺二松木長四丈五尺銳首象眼貫以行江大竹纜二條楔緊以便挽住股車易於起下其戧上方眼横木係備安戧時繫纜豎立之用

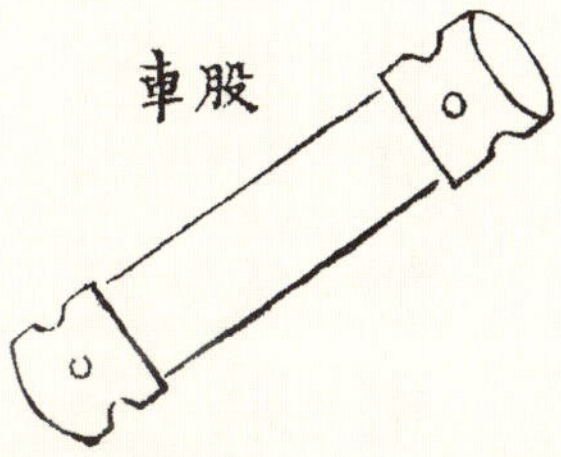

股車

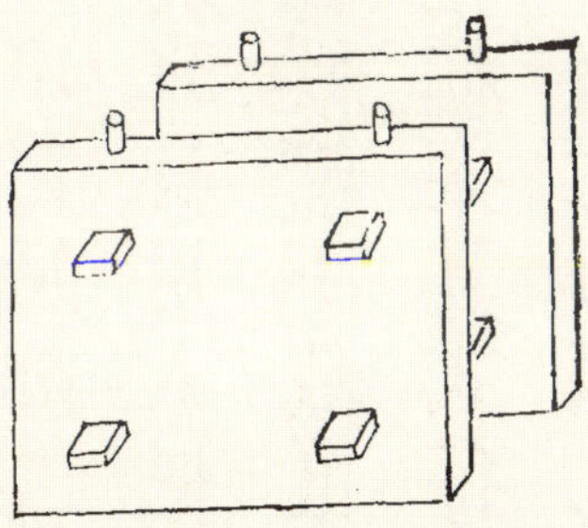

轆轤架

周禮考工記輪人叅分其股圍註股近轂者也股車之制長五尺五寸兩頭各留七寸五分鑿交叉圓孔二中四尺細二寸擱於轆轤架上穩子之內將大戧所繫之纜挽於車身用人把住纜頭用檀棍插入圓孔輪轉戧隨纜起升夅定位縱纜下戧直貫河底穩住木龍安戧後用以起下殊省人力至轆轤架其式每架用松板二長五尺寬一尺三寸厚三寸兩頭上下各鑿方眼二另用五尺長松枋四根插入眼內楔緊套住大戧仍於架板邊上兩頭各鑿一寸二分圓孔加檀木穩子夾住股車使可旋轉而不旁出

河工器具圖說　卷三　搶護

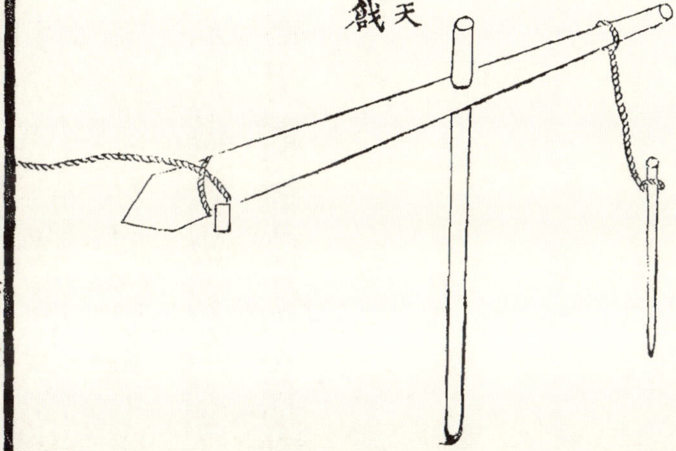

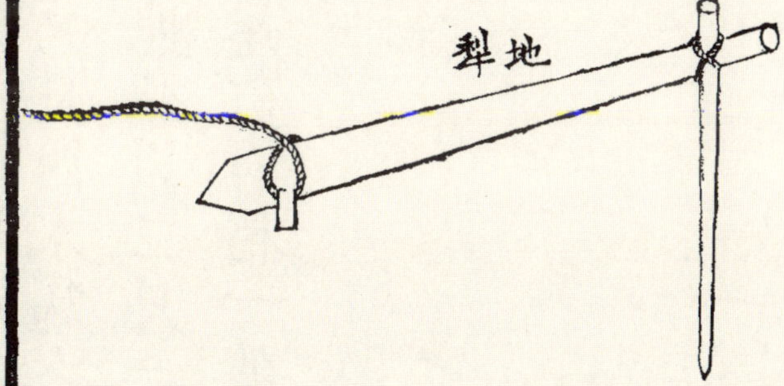

三

天戧地羣均爲扣帶繫龍大纜之用天戧以二尺四木爲之長二丈大頭小尾銳首旁加管楔平斜入地五尺地羣以二尺一木爲之長一丈八尺做法仿前斜插入地四尺羣尾釘青樁一戧則羣尾各簽一樁用纜穩住使不摇動

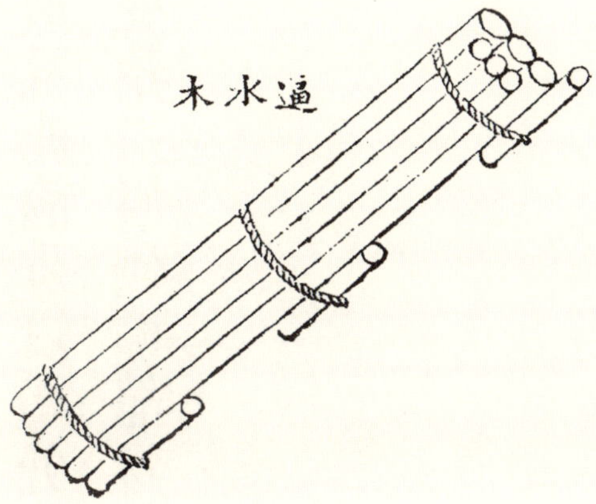
逼水木

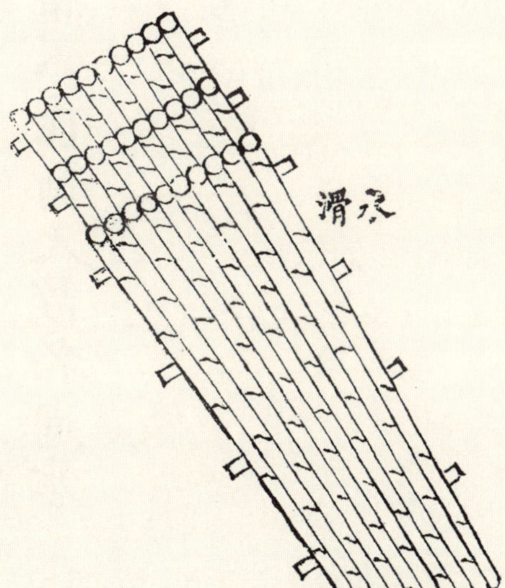

周禮疏滑通利往來氷滑每排以毛竹十雙層併疊每三排以大竹劈片貫串編成凡安木龍多在霜後大河氷凌下注籄纜最易擦損置此龍旁以爲外護又有逼水木其制用尺二木六段長一丈疊紮三層側攩龍身外邊使大溜不能衝入故名逼水

竹簍

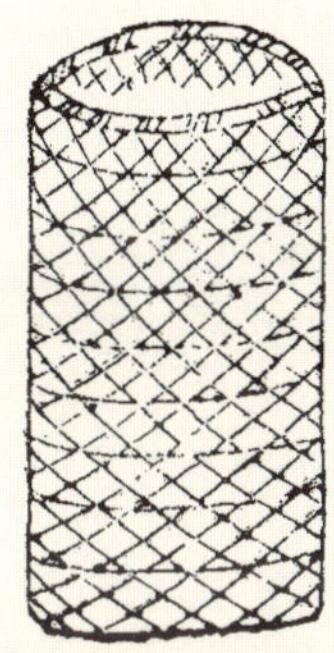

荆簍

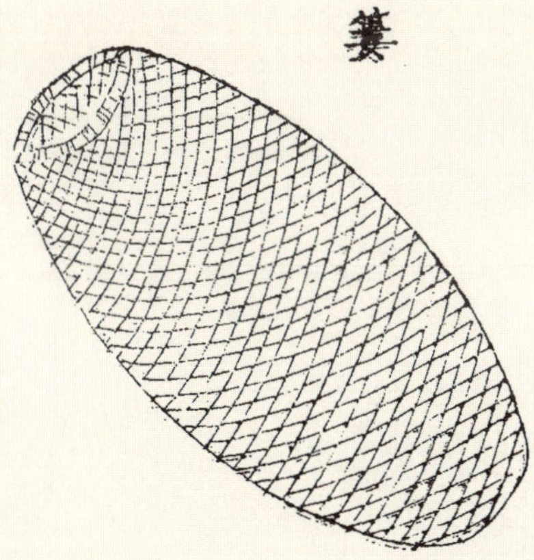

集韻簍竹籠也急就篇註簍者疏目之籠言其孔樓樓然也或長或圓形製不同或竹或荊質地不一河工用以滿貯碎石爲護埽壅水之用排砌成壩者亦名竹絡壩

河工器具圖說

長白麟　慶見亭纂輯

卷四　儲備器具

鐵橇　鐵鋭錘　小鋭錘

鐵手錘　鐵手鏨　鐵橛　鐵榷

鈎杆

麻龍頭　麻小扣　石杠

拖　拖椿

大磚模　小磚模　竹盪刀　拐鍬

浮梯　草叉　棍叉

鋸　鑽　鑿　鉋

墨斗　墨筆　曲尺手鋸

噢錐　噢針　笊籬

腳杷　拍板　刮刀

牌

蒲鍬　磚架　木灰刀

水缸

水斗　麻搭　抓鉤

太平桶

土簸箕

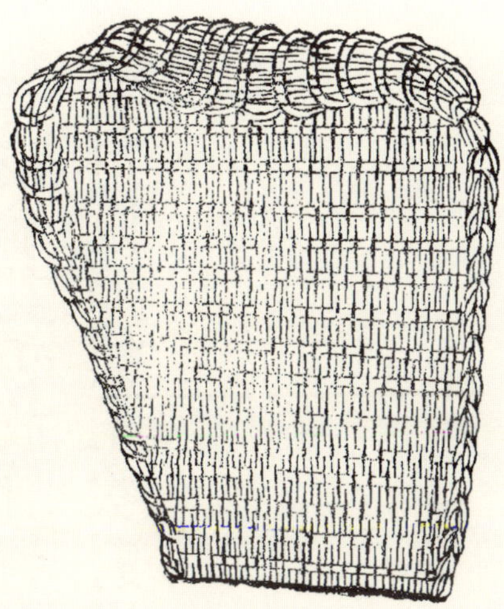

篇海箕簸箕揚米去糠之具方言陳魏宋楚之間謂之籮陳宋楚魏之間謂筲謂籭詩云成是南箕箕四星二爲踵二爲舌踵在上舌在下踵狹而舌廣又維南有箕載翕其舌故箕皆有舌易播物也諺云箕星好風謂土簸揚農家用以揚糠工次則用以盛土南竹北柳其製不同其用一也

土車

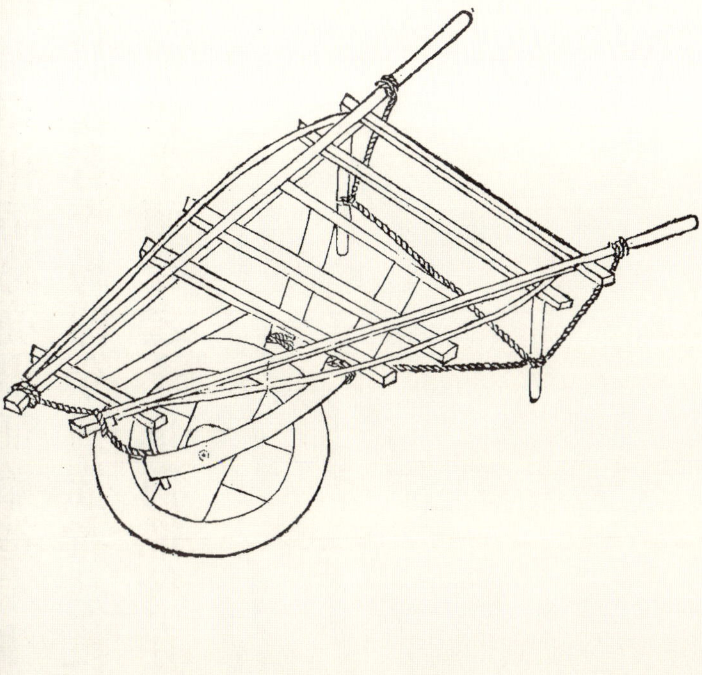

土車獨輪料土兼載稗編蜀相諸葛亮出征始造木牛流馬以運餉木牛卽今小車之有前轅者流馬卽今獨推者是後山談叢蜀中有小車獨推載八石前如牛頭今之土車獨推猶存諸葛遺制

條船

晉書天船九星一曰舟星所以濟不通易繫詞伏羲氏刳木爲舟物原顓頊作槳作篙帝嚳作櫓作柁夏禹加以篷碇帆檣葢至是而行舟之具大備後世因之制度不一而工次轉運料物則以𦩎船爲最

圓船

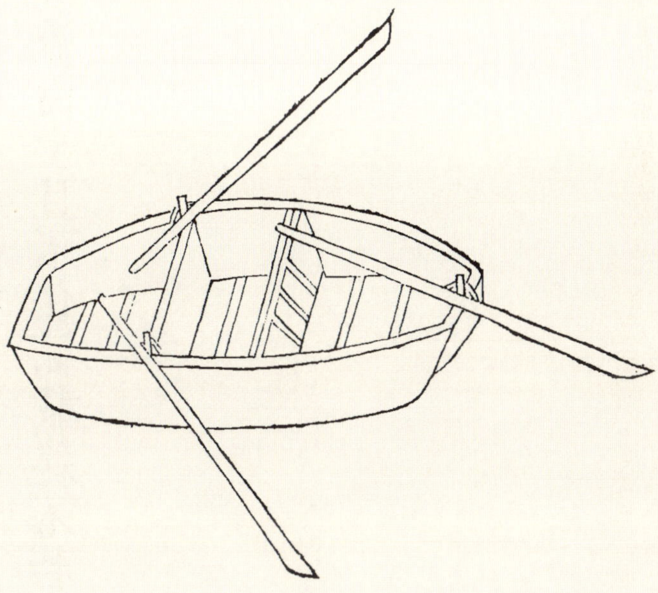

大河中又有圓船效黨製帆象鼉創櫓隨中泖大溜旋轉便利惟宜於順流而下滯於溯流而上且不任滿載終不若條船之適用也

浚帮

浚船康熙間靳文襄公爲疏濬海口而設旋因無效撥給各廳運料逮乾隆八年白莊恪公請復試行仍無效二十四年乃設船務營統歸管轄裹運蕩柴定制分大中小三號大者長四丈二尺中寬七尺六寸艙深三尺二寸中者長三丈九尺中寬七尺艙深三尺小者長三丈六尺中寬六尺五寸艙深二尺七寸其行以兩隻相並俗謂一幫按爾雅維舟方舟注連四船曰維併兩船曰方幫與方音同殆傳訛爾

河工器具圖說　卷四　儲備　六

柳船

柳船定制長八丈中寬一丈六尺艙深五尺按船務營原設淺石船七百三十二隻配成三百六十六幫嗣因易於風損道光八年經張芥航河帥奏明分年改四爲一應成一百八十三隻連舊額柳船十六隻添造一隻共成二百分隸左右兩汎計至十六年以後無淺船矣至柳字之義俗謂用以運柳故名按漢書服虔曰東郡謂廣轍車爲柳又李奇曰大牛車爲柳則柳蓋訓大爾

簍鈎

簍

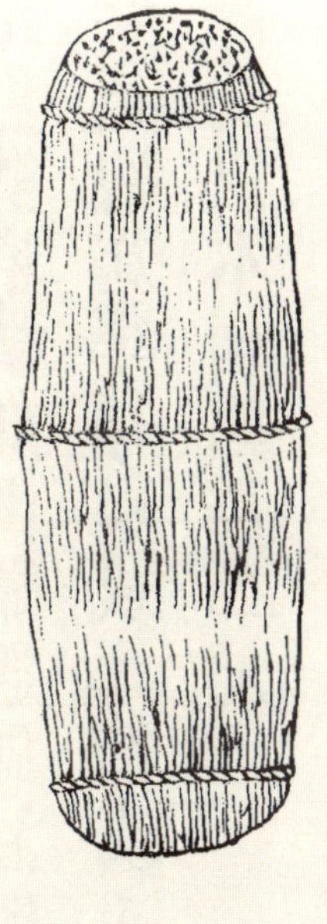

柴籆爲柳船承柴之用籆鈎爲捆紮柴籆之用其法先以上茂葦柴捆紮成籆二人上船持鈎鈎定貼緊船幫用纜跨繫使兩面相平然後用柴層層勾搭狀比魚鱗堆積如山雖遇風浪船行穩重不致脫卸至用籆多寡以柴長短爲準每邊或六節或八節俱可籆鈎則鍛鐵爲首灣長尺餘受以木柄約長二尺

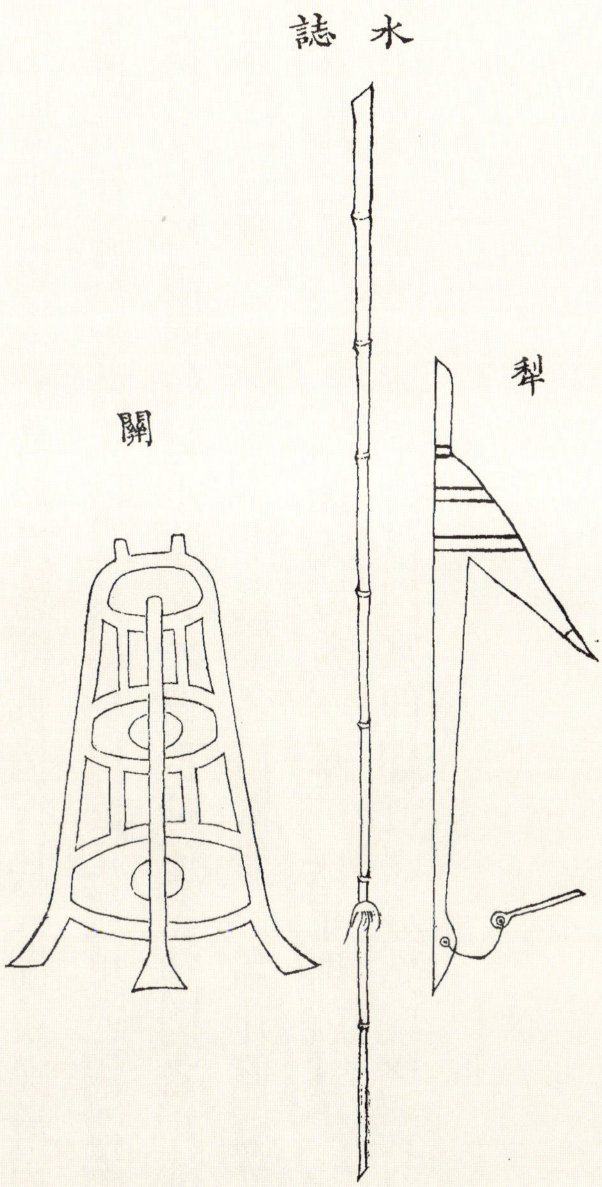
水誌
犁
關

物原遂人以匏濟水伏羲乘桴軒轅作舟楫顓頊作槳作篙帝嚳作舵作櫓堯作維牽大禹加以篷碇帆檣行具大備後又增以鐵錨艬板招杆等器近時又增二具曰犁曰關凡遇風逆溜激牽挽不能得力上水設關絞行下水安犁畱拽甚便至運關之木八各一根名曰關翅安關之所用土堅築名曰關盤一名升關壩又水誌以竹爲之長二丈凡軍船入境勾水尺寸既定則就其處紮棕爲誌持以量船卽知輕重持以探水卽知淺深亦駕駛之要具也

搭爪

搭爪煅鐵如彎爪形受以木柄通長尺許用如爪之搭物故曰搭爪料車到工或擲以下車或積以成垛日以萬計速於手挈

河工器具圖説 卷四 儲備

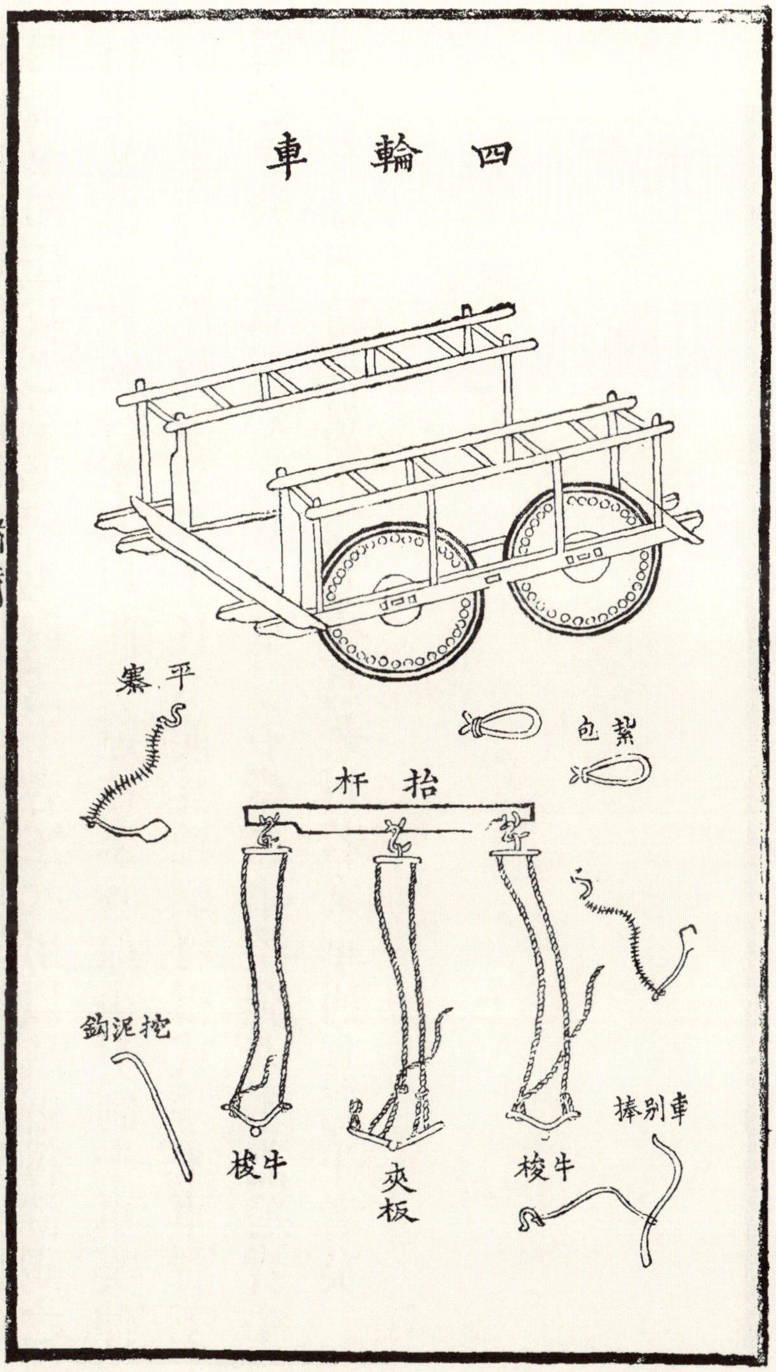

四輪車卽任載之牛車縛軛以駕牛者工次用以載稭料俗謂之料車是也而什物行李亦以此裝運往來物原少昊制牛車奚仲制馬車稗編漢初馬少天子且不能具純駟將相或乘牛車晉王導之短轅犢車王濟之八百里駮石崇之牛疾奔人不能追皆牛車也今惟四輪車駕牛間有牛馬兼用若乘車則無駕牛者矣

箱

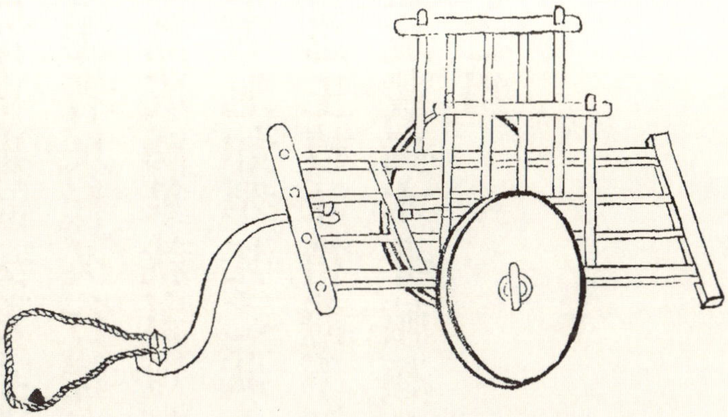

箱俗名板轂車即古之行澤車也詩云乃求萬斯箱又云晥彼牽牛不以服箱周禮車人行澤者反輮又行澤者欲短轂農書板轂車其輪用厚濶板木相嵌斲成圓象就留短轂無有輻也泥淖中易於行轉了不沾塞獨轅著地如犁托之狀上有櫬以擐牛輓槃索上下坡坂絶無軒輊之患王楨𤝐箱詩下澤名車異爾輸服箱原自有耕牛雙輪不輻還成轂獨木非轅類作輈今河灘農家尚有此車爲銜泥裹運料石之用

千觔⿰車它

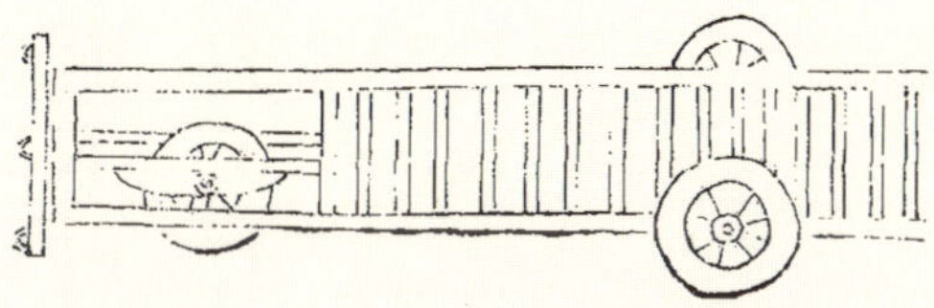

⿰車它

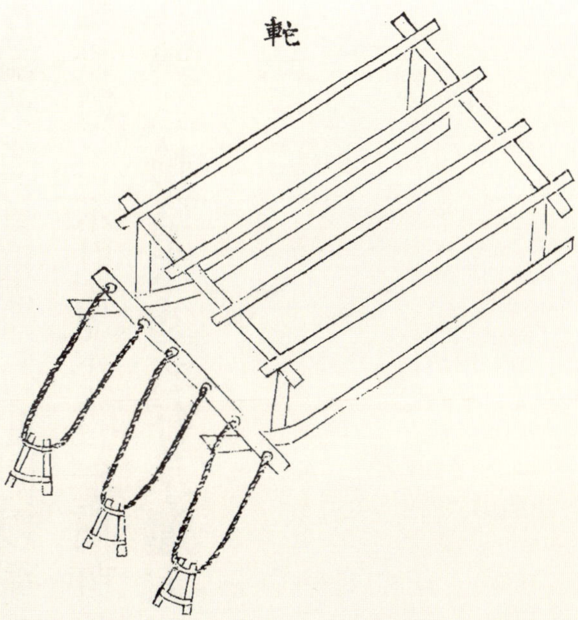

玉篇軏疾馳也今南河有軏車狀如車盤而無輪其行頗速專備淤地轉運柴料之用蓋淤地有輪必陷負重難行此則以繩爲轅駕牛三頭車盤下用欄杆架起柢以二木貼地平拉無前軒後輊之患故易爲力又有千觔軏其製三輪堅木爲之每旱運大石料多用此具

河工器具圖說　卷四　儲備　十三

刈刀

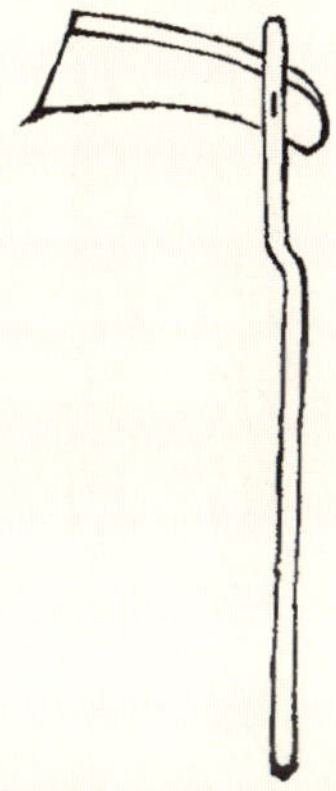

序刮刀

農書刈刀穫麻刃也兩刃但用鎌柯旋插其刃俯身控刈刮刀刮苧皮刃也鍜鐵爲之長三寸許捲成槽內插短柄兩刃向上以鈍爲用仰置手中將苧皮横覆於上以大指按而刮之苧膚卽蜕近有一式刀首鑄鈎形如偃月亦刮苧用按江南種麻惟用拔取頗費工力河南西華一帶種植遍野穫刈全用此刀其治麻法隨刈卽棄漚之清水池中寒暖得宜卽可潔白柔韌漚苧則因皮厚難輭必需用刀刮淨其治法先用石灰拌和累日抖淨後用灰水煮待冷然後濯以清水用蘆簾攤曬擇細者績布粗者作繩纜用

河工器具圖説　卷四　儲備　十四

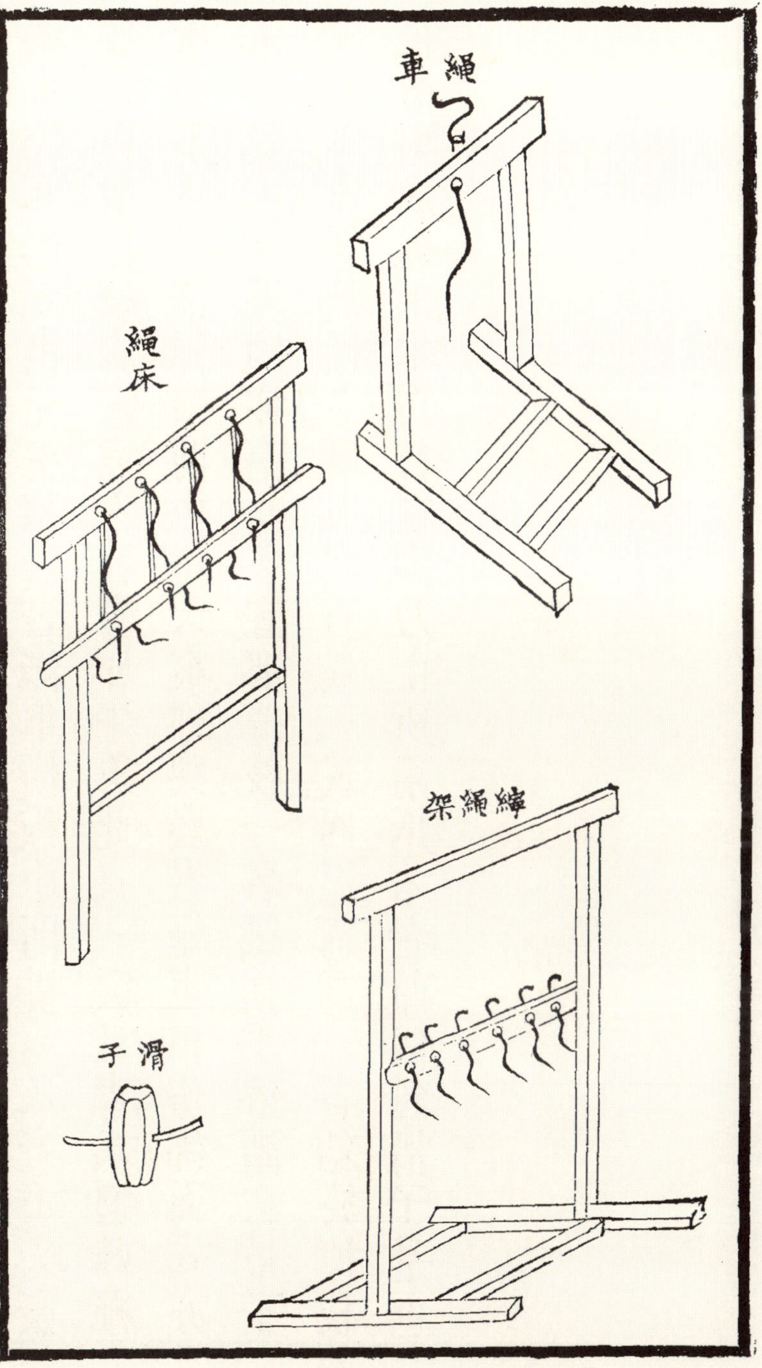

繩車絞麻作繩也元王楨農書繩車橫板中間排鑿八竅或六竅各竅內置掉枝或鐵或木皆彎如牛角此只一竅且車式迥殊繩床上下各四竅繩架則中排六竅抑與農書繩車相仿彿而式亦不同豈古今異制抑南北各宜耶掉枝一名鐵搖手俗謂之吊子又有爪木置於所合麻股之首或三或四撮而爲一各結於掉枝復攬繫成繩爪木自行繩盡乃止所謂爪木者即俗名滑子是也

篾箍頭

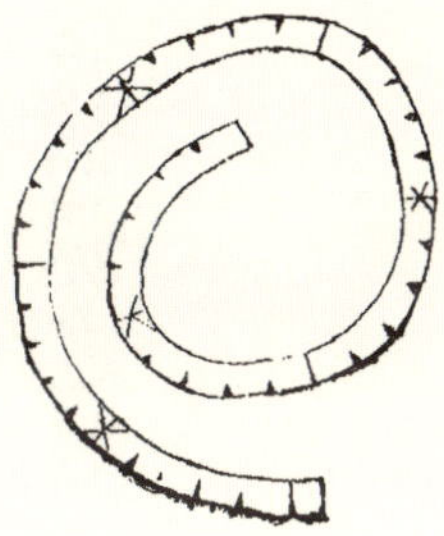

手鈎

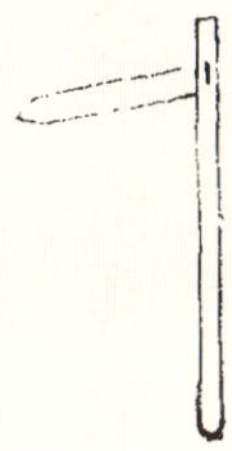

攔脚板

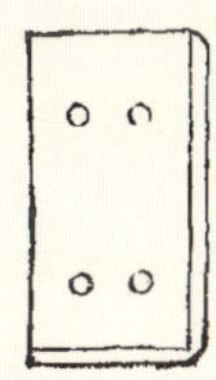

皮皺

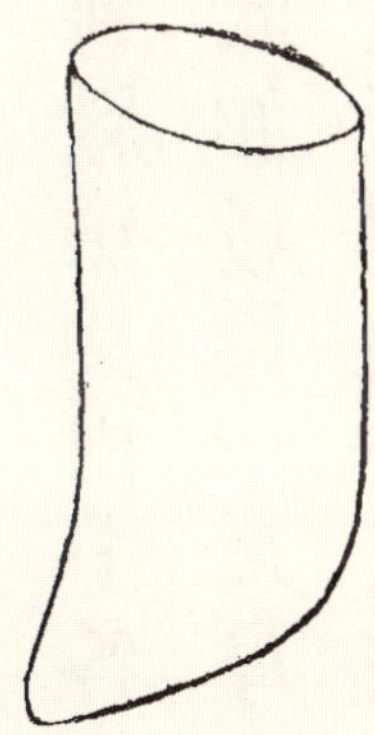

集韻篐以篾束物也又䈾治履邊也今圍柴篾篐熟竹皮爲之用漆分畫尺寸定例葦營以銅尺二尺八寸爲一束手鈎双細而長約四五寸橫安木柄凡柴由溝港筏運到廠樵兵兩手各持一鈎勾柴上灘晾曬堆垛省力而速攔脚板狀如屐長一尺厚一寸寬五寸前後鑿孔繫繩於履乾地採柴著之可禦柴簽皮皴狀如襪以牛皮爲之水地採柴著之可衛泥淖夜則浸以灰漿經久不爛

右四器皆蕩營樵採之具

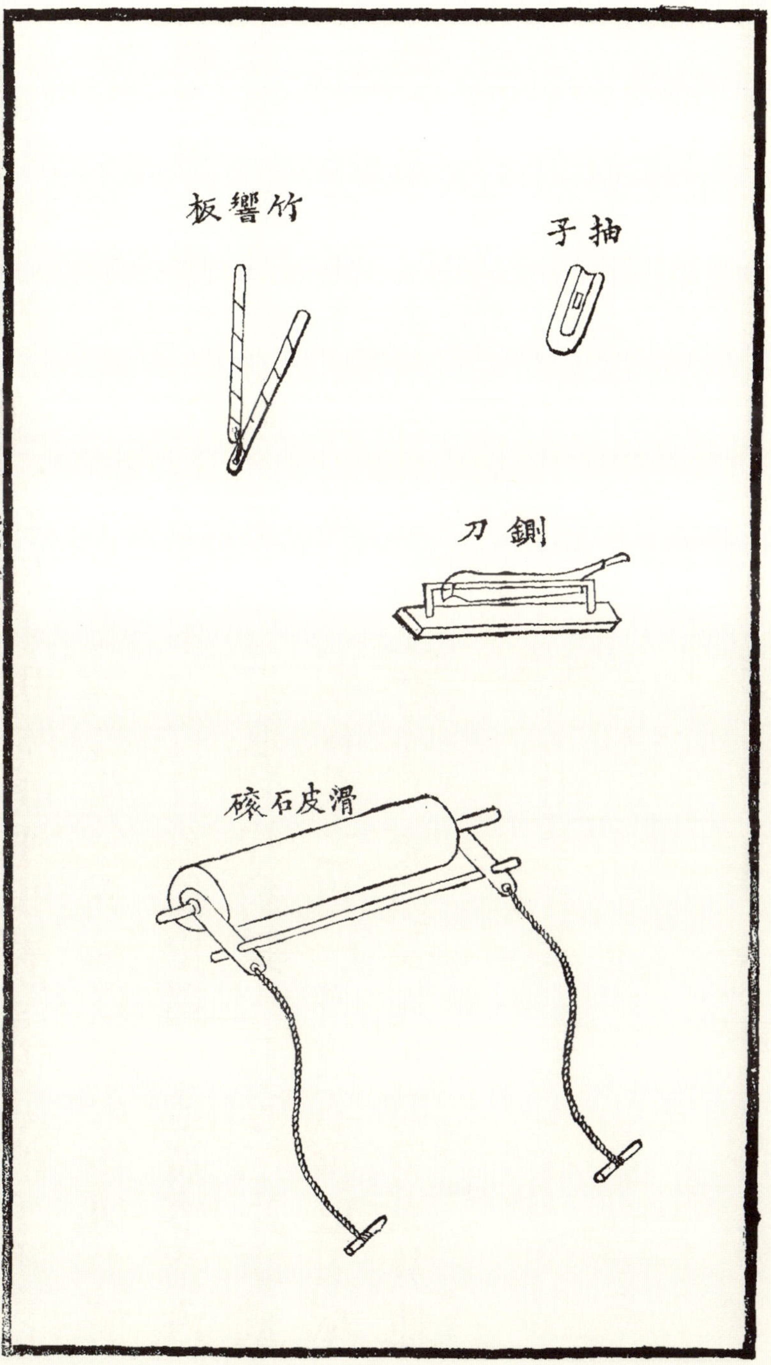
竹響板
抽子
鍘刀
滑皮石磙

河工捆船鑲埽非纜不可東河用麻南河用葦各取其宜而製葦器具則與麻不同一鍘刀鍛鐵爲之刃向下承以木床爲切去根梢之用一抽子一名梳子截木一段長盈握中開一槽廣容指內含鋼片爲抽劈皮膜之用一響板取竹片約長一尺每二片聯成一副用時兩手相搏有聲爲剗劊碎葉之用一滑皮石滾取石琢圓徑圍三尺兩頭各安木臍上套木耳繫以長繩用時置葦於地往還拉曳爲壓扁柴質之用

人字架

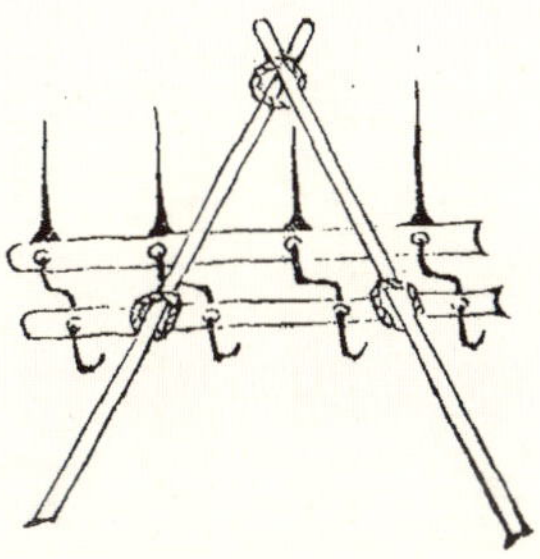

乾架

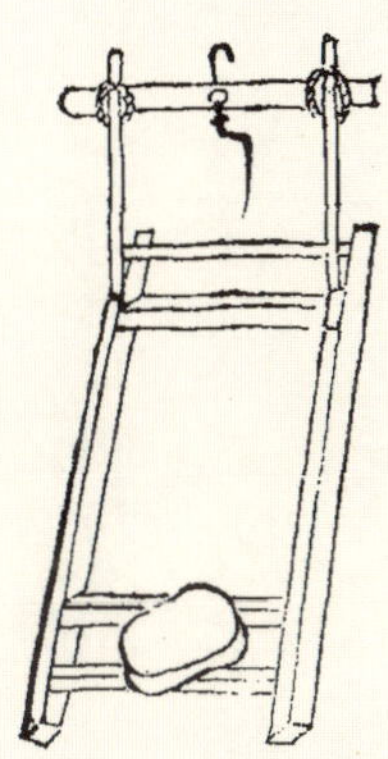

抽子木

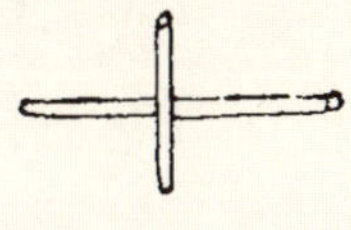

葦纜之架與繩架不同其式有二一曰人字架用木二根其上縛成人字其下分埋土內中間橫架竹片二每片各鑿四孔每孔各安鐵枝一枚一曰軖架用木做成豎高二尺六寸橫闊三尺二寸均安框內其架上亦橫置竹片一中鑿一孔孔內安一鐵枝凡打葦纜先用繩梜絆定人字架再用巨石壓住軖架使不搖動然後將纜一頭分作四股安人字架上一頭合做一股安軖架上用人推遞抽子自然縈結成纜抽子以木爲之豎長尺二橫長尺八狀如十字打纜時將四股分擺其間推之卽合用與梭同鐵枝俗名釣子卽搖手也

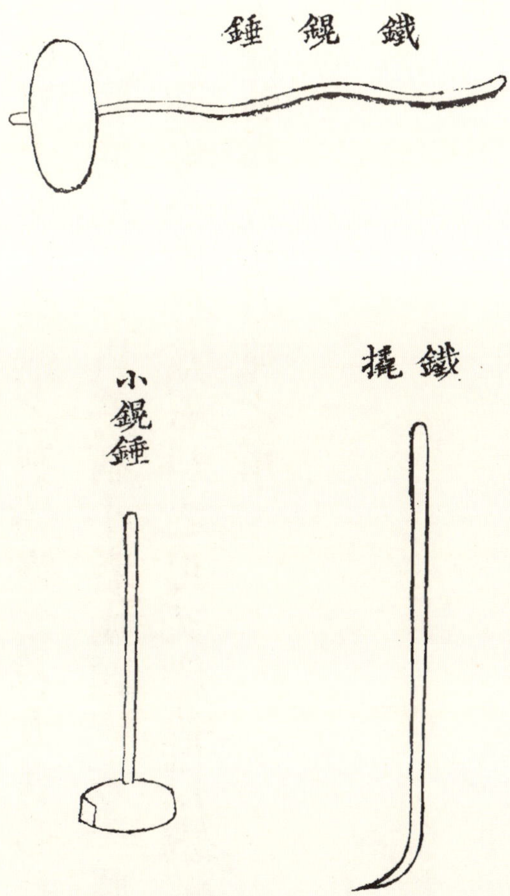
鐵鋧錘
鐵撬
小鋧錘

揚子方言鍤重也東齊曰鉷宋魯曰鍤集韻撬舉也凡開山採石山有土戴石石戴土之分見山而露有浮石必先用鋧鍤撃之審定其下有石然後刨土開採鋧鍤之製鑄鐵爲首大者形長而扁兩頭皆可用中貫籐條或竹片以爲柄小者兩頭一方一圓以木爲柄約重十五六觔均專備劈裁石料之用又鐵撬以鐵鍛成長一尺六寸重十餘觔爲撬起石塊之用

鐵手錘

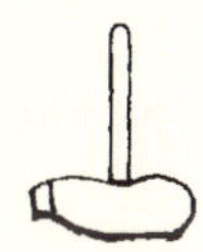

鐵手鏨

鐵橪

鐵棰

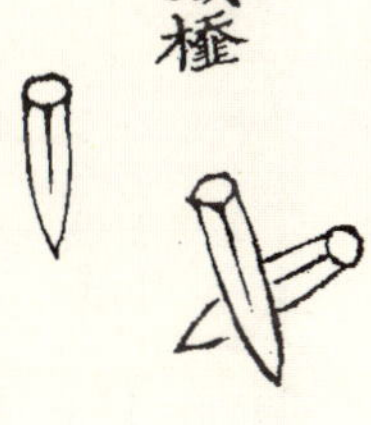

說文鏨小鑿也鐫與鑴同側擊也楏見字典而無考右四具皆採石所必需手錘尖頭圓底約重三觔手鏨圓腦尖嘴鐵楏圓腦扁嘴長四五六寸不等鐫上寬下窄其用與楏同凡開山旣見石矣須審山之形勢順石之脈絡度量所需石料長短厚薄劃定尺寸先鑿溝槽約寬三寸深二寸每尺安鐵楏三根擊以鋃錘用水浸灌刻許然後用錘鏨儘擊開採再楏名不同在平處爲劈楏直處爲鑿楏兜底橫處爲擡楏擡楏得施以鐵撬而石出矣又黑麻豆青等石皆用鐵楏漸擊漸入匠人謂之含楏獨黃麻石用鋼楏一擊卽起匠人謂之跳楏必須繫以線索不致跳遠則又石性之不同耳

釣杆

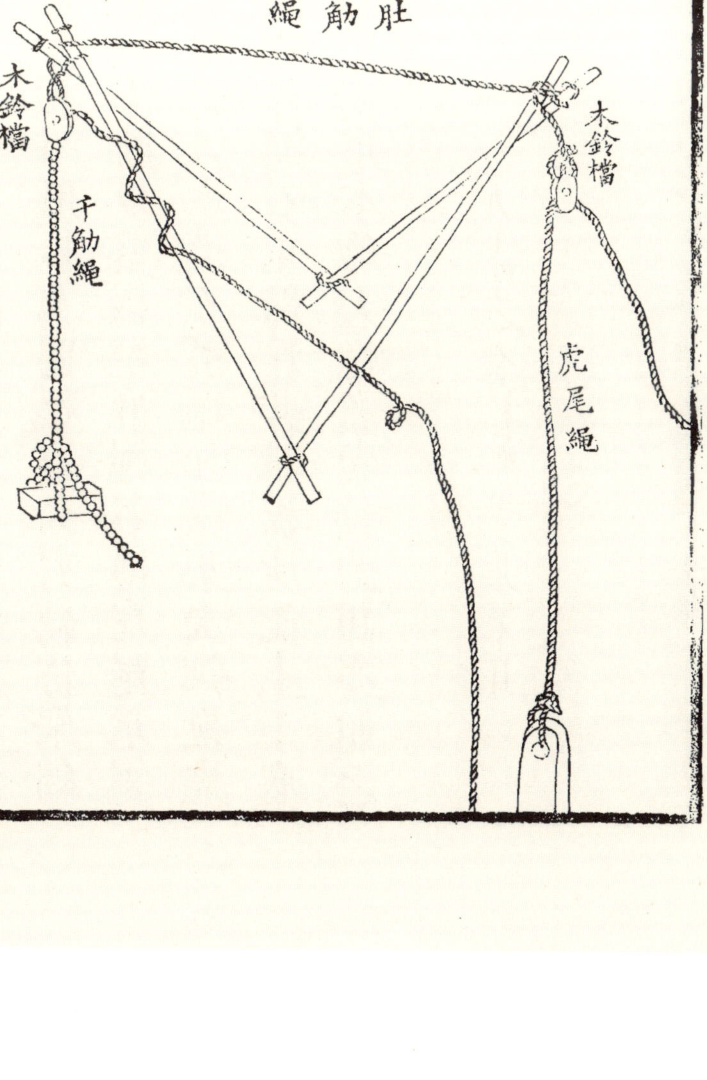

南河修補石工例應選四添六舊石塌卸多沉水底旣深且重人力難施撈取之法全仗釣杆其制用杉木四根交叉對縛仿架綱式安置岸邊前繫鐵鍊名曰千觔後繫極粗麻繩名曰虎尾承繩之處名木鈴鐺然後遣水摸夫入水摸石引繩扣繫集夫拉挽虎尾繩釣撈上岸又採石裝船行遲石重船浮非跳板所能上下裝載之法或於崖岸設立釣杆或用本船大桅繫索拉釣卸亦如之

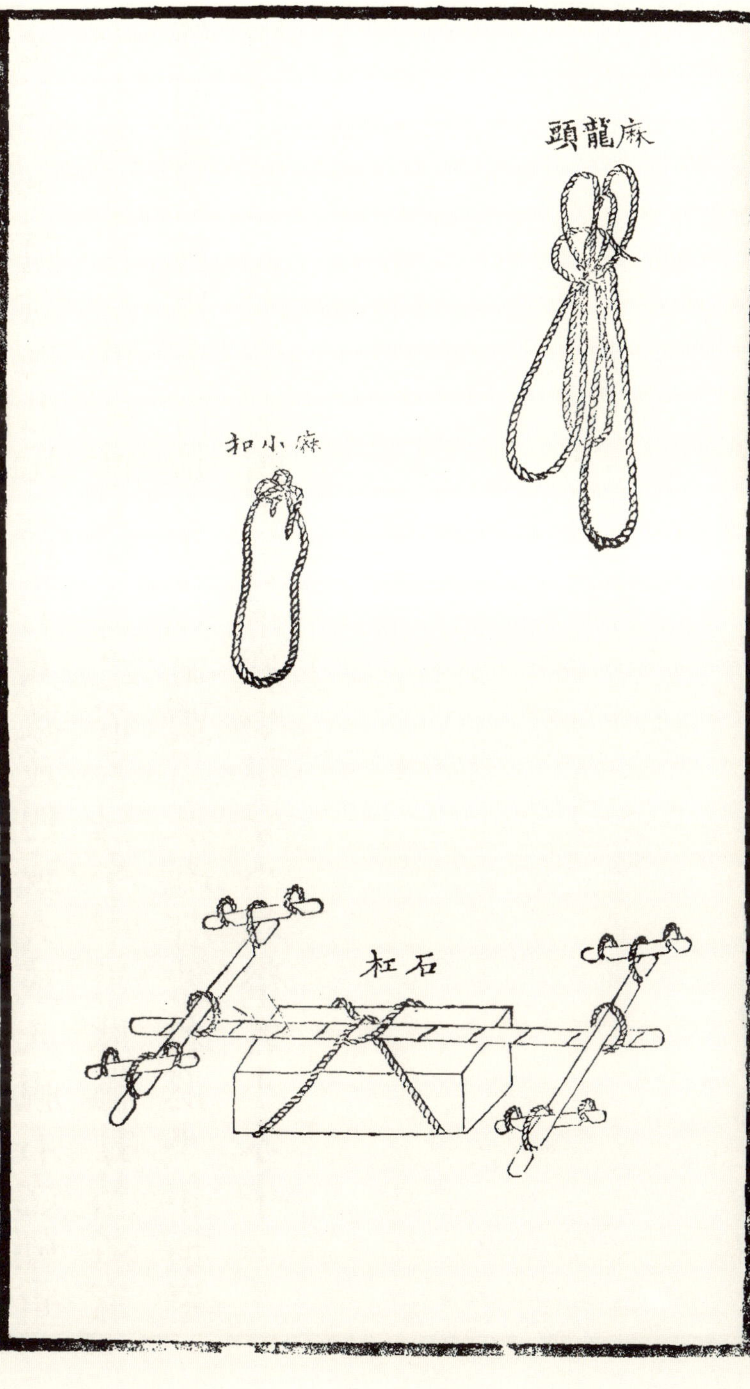
麻龍頭
麻小扣
石杠

說文杠橫關對舉也凡擡條石人數或四或六或八視石之輕重大小爲準其所用杠選大竹爲之俗名曰牛中用麻繩打結名麻籠頭縶石四角兜而懸之竹杠兩頭用麻繩打結名麻小扣橫穿短杠俗名大木牛兩頭再各用麻小扣穿小杠俗名小木牛

河工器具圖說　卷四　儲備　三十一

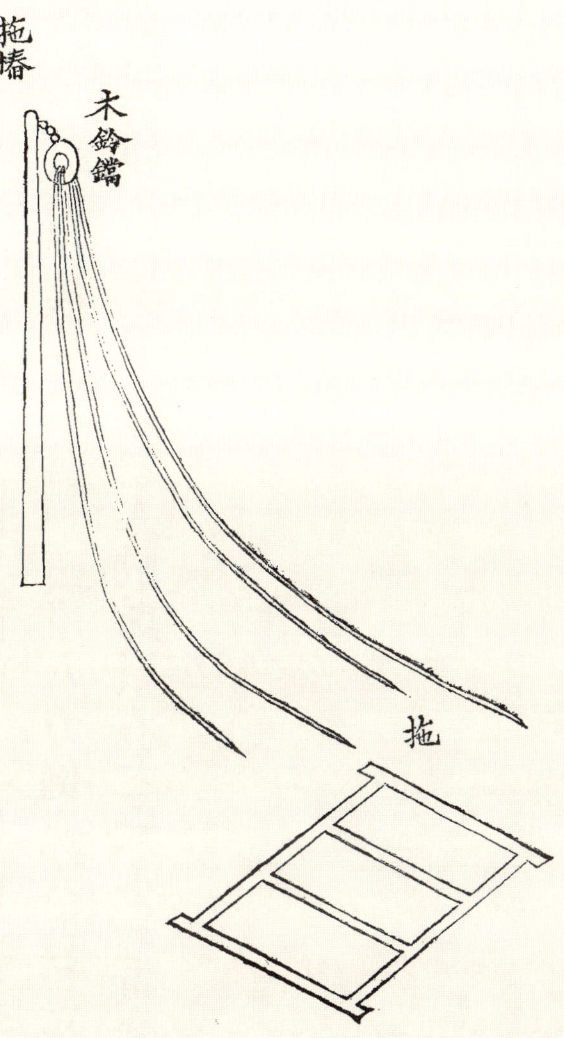

禮少儀疏拖引也集韻拖牽車也拖一名旱車江南運石用之北路石料長大者亦用此具其法於拖前遠立長樁樁頭繫以木鈴貫以長索一頭繫住拖上石料一頭以人力倒挽人退拖進一拖不及再立樁如法行之至拖之人數則以石之大小輕重爲準

大磚模

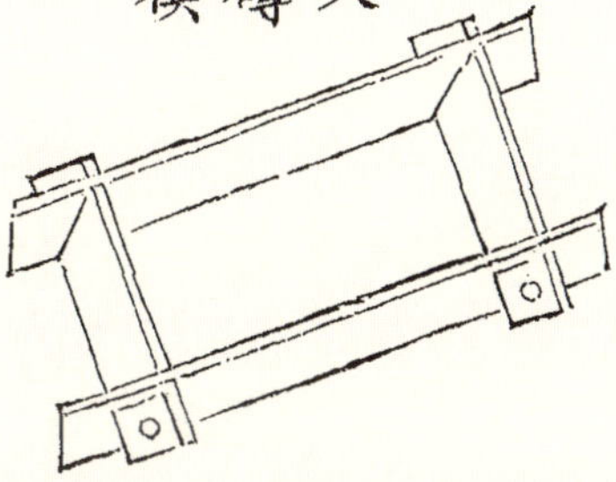

小磚模

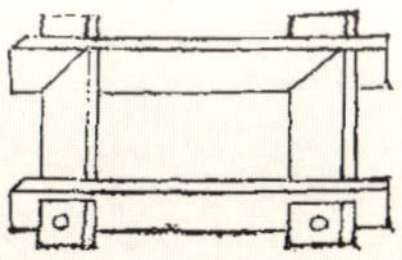

拐鍬

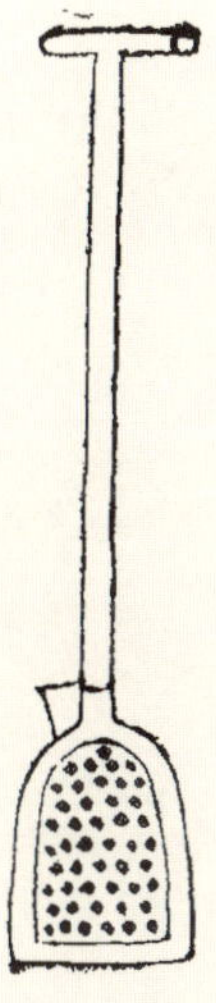

竹盪刀

甎卽瓴甓古史考烏曹作甎廣韻模形也左思魏都賦受全模於梓匠類篇盪動也說文盪滌器又鍬臿屬唐韻拐物杖也治甎之具有模大小均用堅木合成盪刀以竹爲之拐鍬刻木爲首以鐵片包鑲四邊中列釘頭受以丁字長柄用之拌和熟泥貯模成墼俗謂之坯再用竹刀盪平脫下曬乾積有成數然後入窰燒煉計日成甎

河工器具圖說　卷四　儲備　二十四

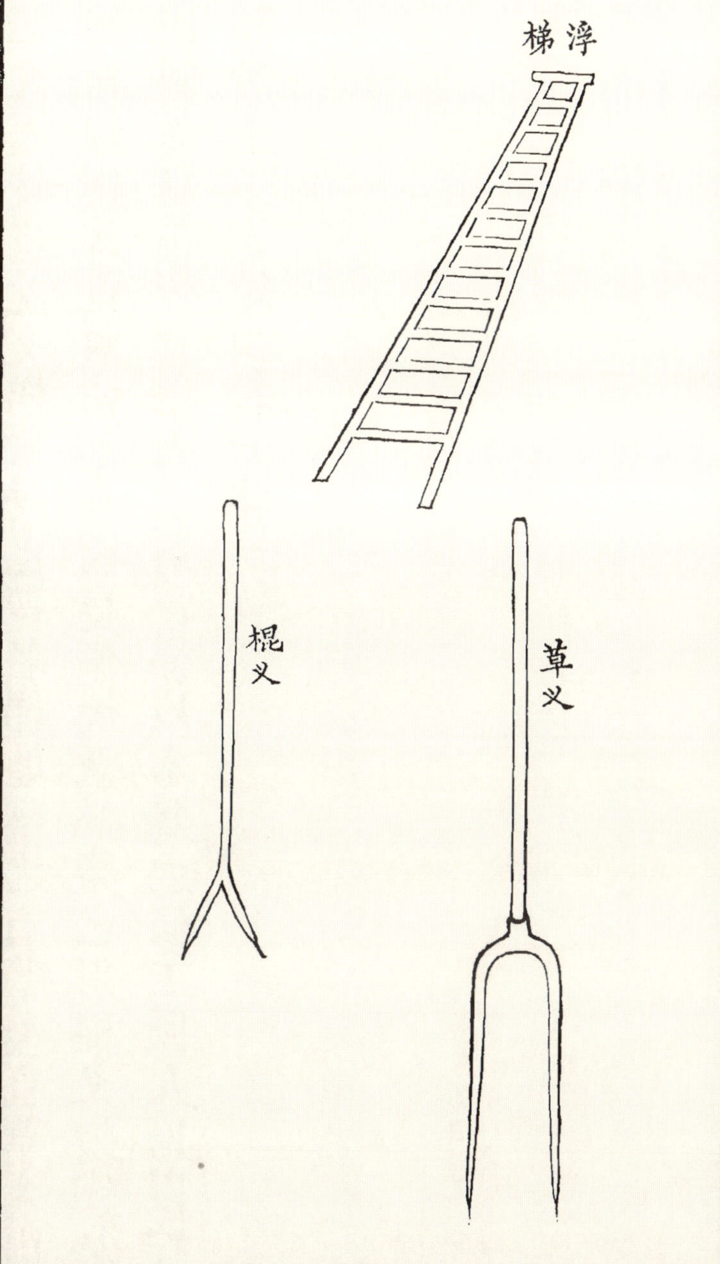

正韻叉兩歧也説文梯木階也釋名梯如階之有等差也草叉劄木爲柄鍜鐵爲首兩齒銛利而長備燒瓢挑柴之用棍叉鍜鐵爲之柄圓齒扁備燒𦎪撥火之用浮梯以木爲之修工匠人用以踏足隨等上下畫線俾得一律

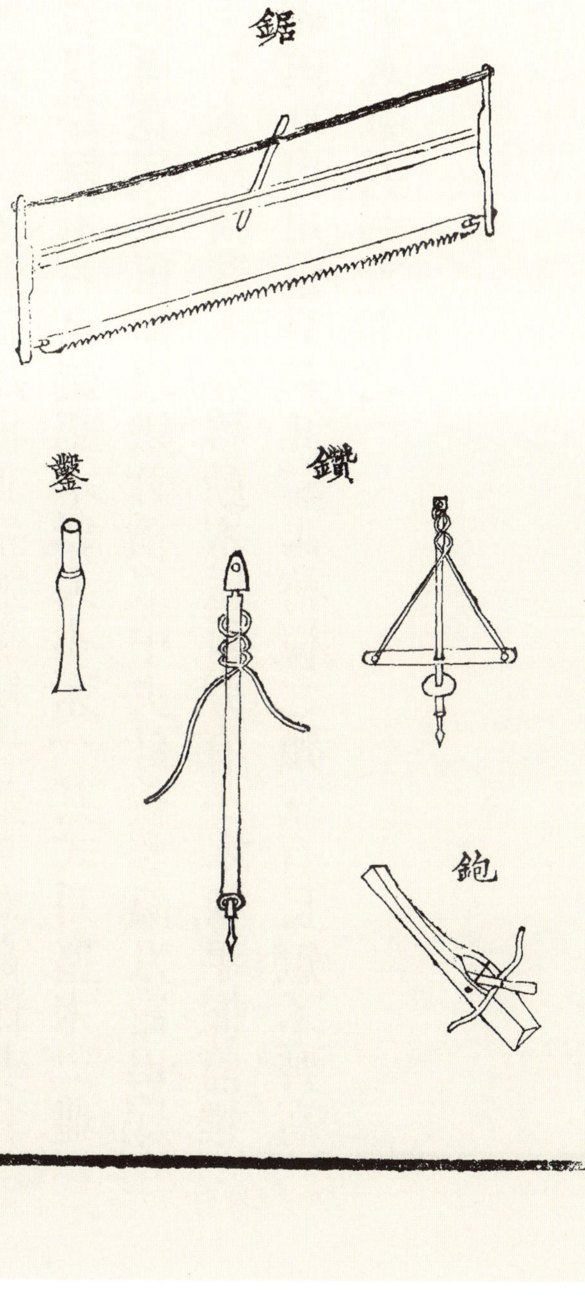
鋸
鑿
鑽
鉋

物原軒轅作鋸般作鑽古史考孟莊子作鋸作鑿事物紺珠推鉋平木器魯般作說文倉唐鋸也正字通鋸解器鐵葉爲齟齬其齒一左一右以片解木石也鉋正木器大小不一其式用堅木一塊腰鑿方匡面寬底窄匡面以鐵針橫嵌中央針後監鐵刄露出底口半分上加木片插緊不令移動木匡兩旁有小木柄手握前推則木皮從匡口出用捷於鏟凡騎馬椿橛之類或有長短不齊高低不平非此數具烏能治之

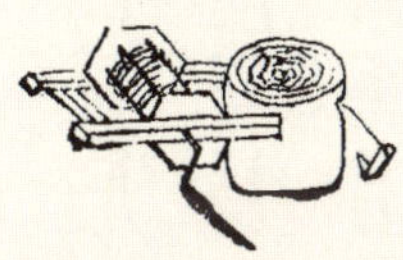

墨斗

墨筆

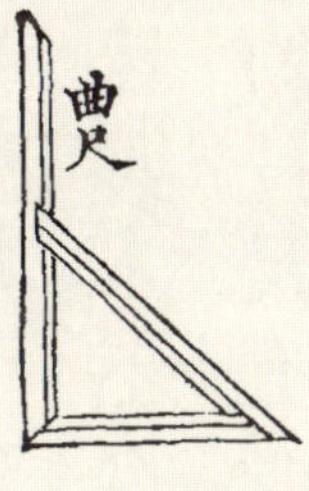

曲尺

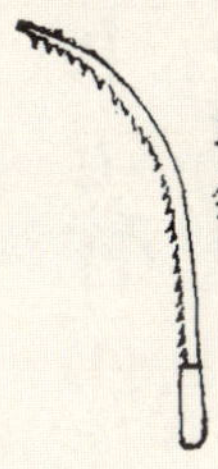

手鋸

廣韻商君書赭繩束枉木注赭繩即墨斗也甘泉賦注鉤曲尺也正字通鋸解器也凡匠人斷木分片必先用墨線墨筆彈畫方能正直墨斗多以竹筒爲之高寛各三寸許下留竹節作底筒邊各釘竹片長五寸中安轉軸再用長棉線一條貯墨汁內一頭扣於軸上一頭由竹筒兩孔引出以小竹扣定用時牽出一彈用畢仍徐徐收還斗內墨筆亦取竹片爲之其下削扁用刀劈成細齒以便蘸墨界畫曲尺形如勾股弦式惟股微長便於手取股長一尺五六弦長尺四勾長一尺分寸注明勾上凡製木器合角對縫非此不爲功手鋸係用鐵葉一片鑿成齟齬約長尺五受以木柄長三寸爲解析竹頭木片之具

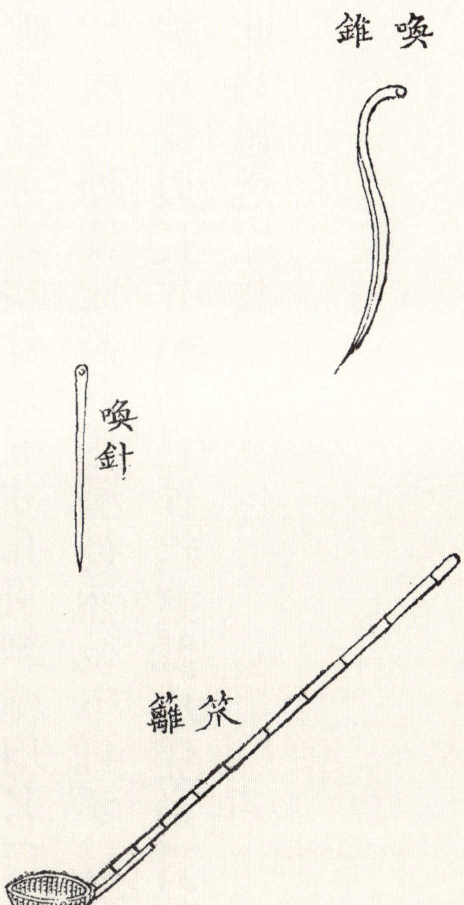

喚錐
喚針
笊籬

史記索隱江南謂葦籬曰笆今南河編紮牆屋多用葦竹是以有笆匠之目其編紮利器與錐與針均鍛鐵爲之錐長一尺凹心式如半邊破竹孔引麤繩針長五寸孔引細繩均名曰與者葢兩人對編時一內一外彼此照會應聲後然後下錐穿針耳又有笊籬以竹絲編成受以長竹柄凡笆匠編紮既成登高貫頂須和稀泥苫草以此爲遞送之具

脚杷

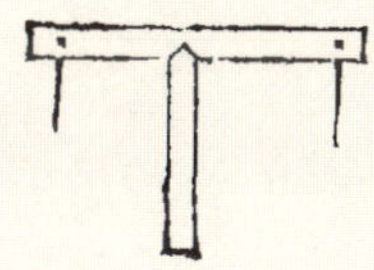

拍板

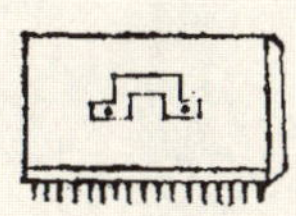

刮刀

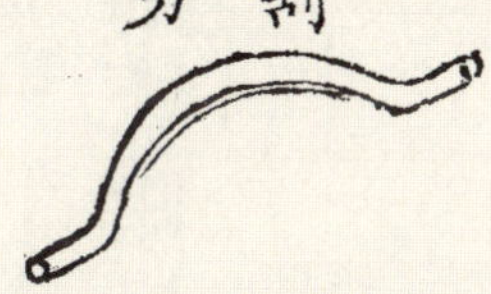

玉篇以草覆屋曰苫左傳乃祖吾離被苫蓋註白茅苫也江東呼爲蓋今工廠館舍兵房大堡多用苫蓋其具有三一曰刮刀鑄鐵露刃狀如弓以兩弰爲柄凡未苫之先上梁竪柱用以刮垢摩光一曰脚杷斷木爲架式如丁字兩端各簽長鐵釘一攜以升屋隨處可插凡苫蓋之時鋪頂壓脊用以接高立脚一曰拍板析木爲片面布齊頭短鐵釘背安套手凡既蓋之後刪繁除冗用以平治整齊

牌

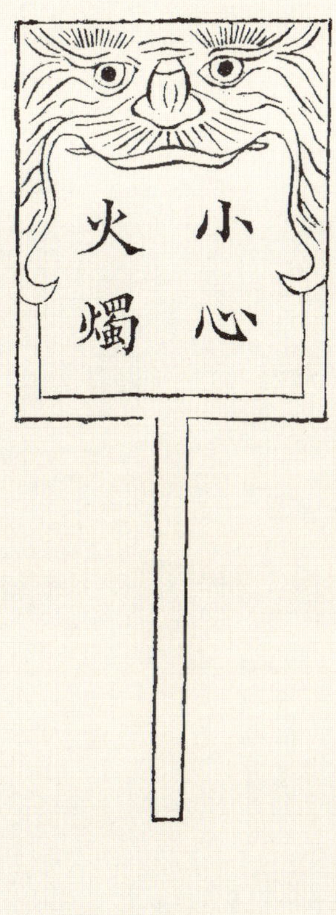

牌首亦繪虎頭大書小心火燭四字因料廠重地當風日燥烈之時誠恐遺漏火種所關非細立此示禁令兵弁觸目驚心加意防維庶幾帑項工需益昭慎重

木灰刀

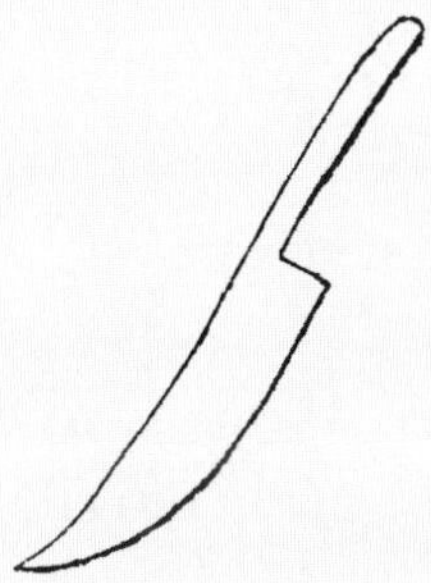

蒲鍬

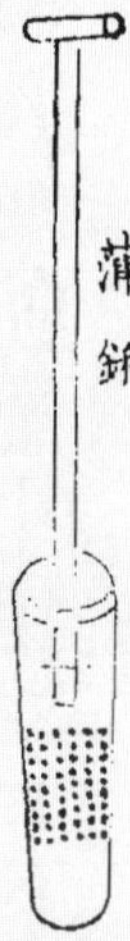

磚架

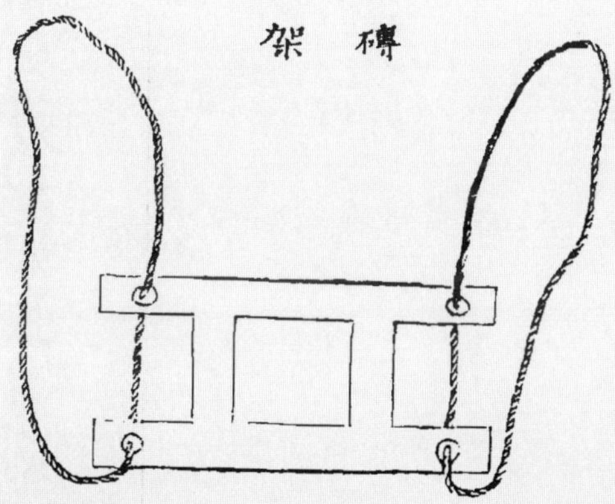

玉篇鍬臿也釋名蒲敷也廣韻架舉也蒲鍬以堅木爲質鐵葉裹口上安丁字木柄利除沙土磚架以木爲之中方兩頭鑿孔穿繩作繫便於抽動配平工夾用以擡磚木灰刀形如瓦刀剡木爲之石匠用以勾砌

水缸

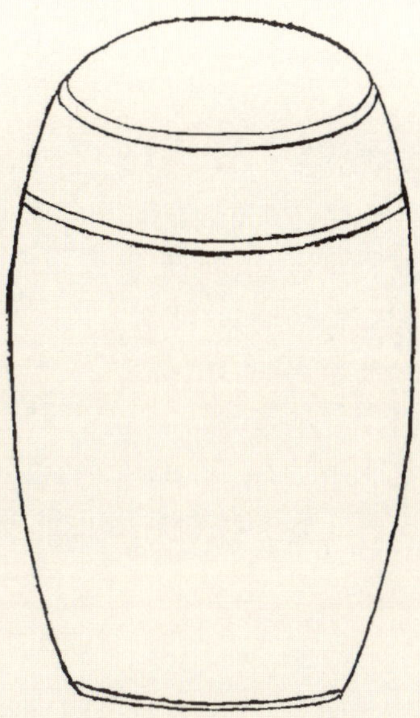

玉篇缸與瓨同說文似罌長頸受十升漢書注缸長頸罌也唐詩花撲玉缸春酒香水缸設於料廠以備火燭平時貯水更資利用

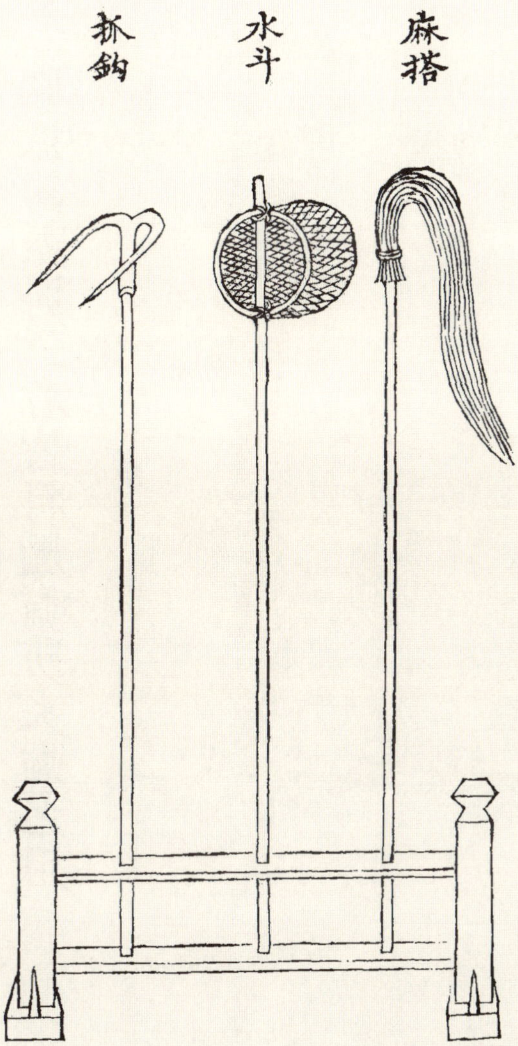
麻搭
水斗
抓鈎

麻搭以麻爲之形似麈尾水斗柳筲編成卽小戽斗廣韻戽斗舟中渫水器也搭鈎玉篇鐵曲也二股內向便於搭拉草料與拆廂舊埽之三股抓鈎差別三者皆料廠備防火燭之用

河工器具圖說　卷四　儲備　三三

太平桶

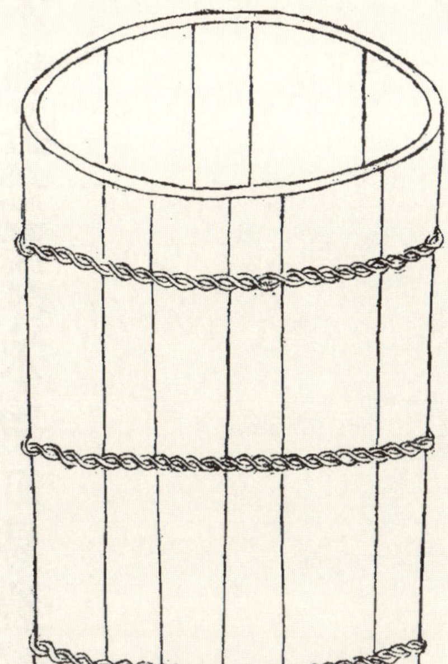

事物紺珠桶馬鈞作物原桶木器受六升博雅方斛謂之桶今時用以挑水史記商君傳平斗桶又作甬禮月令仲春角斗甬料㕔既設水缸何以又設木桶蓋恐隆冬水凍缸易裂縫桶則貯水無患故曰太平

跋

右河工器具圖説四卷

河帥見亭先生所手輯也分其目爲四門繪其象爲一百四十有五幀中有以類相從者共得二百八十有九種物物爲之圖即物物爲之説目睹耳聞口講指畫事有繁簡制有損益名有雅俗用有古今精且審矣明且備矣昔宋呂大防撰考古圖王黼等撰宣和博古圖明呂震撰宣德鼎彝譜是亦器具圖也而近于玩好無論有説無説皆與政治無關至奇器圖説明鄧玉函所著其解木解石轉磨轉碓之屬共三十九圖各系以説諸器圖説王徵所著凡十一圖皆徵自造具

見思致然專尚奇巧終非日用行習之物豈若是書爲
國家之要務河渠之急需其信今傳後大非淺鮮哉且夫治河
之道歷有成書元沙克什河防通議分列六門法則咸備明
姚文灝浙西水利書歸有光三吳水利錄張內蘊周大韶三
吳水考俱就一隅而言
國朝張伯行之居濟一得靳輔之治河方略傅澤洪之行水金
鑑齊召南之水道提綱孰諳形勢總括機宜得失利弊詳哉
言之然立其說者未嘗製爲圖也其有圖而兼有說者宋單
鍔作吳中水利書蘇軾嘗爲奏進狀稱原本有圖今已從佚
元王喜治河圖略首列六圖末陳已說明潘季馴河防一覽

其圖說在辨惑檢要之前謝肇淛比河紀河道諸圖之後分
河程河源等八紀陳應芳敬止集有六圖十三論張國維吳
中水利書有東南七府水利總圖
國朝薛鳳祚兩河清彙將黃河運河繪爲二圖又著論四篇之
數書者覽其圖誦其說不愆不忘率由舊章何莫非效法之
所在邪雖然水道有變遷人事有因革非空言可以取驗也
非徒手可以奏功也且非親歷不能悉其形也非周諮不能
揆其宜也非好學深思不能知其故也易有之備物致用作
成器以爲天下利又云以制器者尚其象甚矣器之足以載
道而卽以行道也善其器者貴乎便事而尤貴乎因地隨時

此河工器具圖說一書誠有不容稍緩者爾
見亭河帥巡視南河已閱三載涖工綜務謹愼周詳其于治
河諸書早已徧觀盡識融會貫通而又于所用器具一一爲
之循名核實積久成帙條分縷析綱舉目張即小以見大由
精以及麤泝流以尋源明體以達用燦若列眉燎如指掌是
眞補前賢所未及垂後世以共由上爲
一人佐平成之績中爲四瀆奏安瀾之效下爲百官著考鏡之資
所謂太平之鴻猷不朽之盛業其在斯乎其在斯乎　國佐承
乏下僚素蒙訓迪今夏特出是編見示是不以　國佐爲不才
也爰請任校勘之役即付剞劂氏公諸天下庶幾哉河政有

全書河防有𠧧濵已是爲跋

道光柔兆涒灘陽月同知銜揚糧通判大興王國佐拜撰

姑蘇閶門外洞涇
橋西吳學圃局刻

後記

我是從數學史學習中逐步瞭解治黄史的。漢代《許商算術》的作者許商，好天文術數之事的王景、李尋善，他們既是數學家，又以治理黄河而聞名。我國現存最早的河工著作《河防通議》，將中國古典數學天元術運用到治黄工程中，創造了中國古代工程數學的一個高峰。除了數學史之外，内蒙古師範大學科學技術史研究還以少數民族科技史和地方科技史見長。李迪先生曾指出地方科技史研究的重要内容是人與自然環境變遷、科技遺迹與自然環境以及環境與生産的關係，此類研究具有明顯的現實意義和重要價值。想要通過大科學史研究，弄清變遷的原因和未來的發展趨勢，産出對于地方各方面的開發有更大、更直接價值的成果，這類研究大多離不開文獻。之後，李迪先生更是直接指出科技史研究不僅是對過去的科技工作和科技成果的回顧與總結，而且要着眼于現代，讓古人的發明創造爲今人服務，繼續在現代發揮其應有的作用。我將先生大科學史的治學理念視爲座右銘，在科研工作中更加注重讓科研成果服務于國家戰略與區域發展需求。

二〇一九年九月，習近平總書記在黄河流域生態保護和高質量發展座談會上指出，黄河流域在我國經濟社會發展和生態安全方面具有十分重要的地位。黄河流域生態保護和高質量發展是重大國家戰略。同年十月，黨的十九届四中全會提出『加强邊疆治理，推進興邊富民』，首次把邊疆治理寫入黨的文件。内蒙古師範大學組織科研力量，積極申報研究闡釋黨的十九届四中全會精神的國家社科基金重大項目，其中『中國特色社會主義民族區域自治制度自信研究』項目獲批。我承擔其中的『鑄牢中華民族共同體意識下的民族自治地方文化自信研究』子課題，而黄河是首選文化要素。二〇二四年，該項目順利結項，我也對黄河文化所藴含的時代價值有了更深的體會。

有鑒于此，我帶領文化遺産智能應用服務中華民族共同體建設『英才興蒙』團隊，以黄河爲主題，開展了文獻、文物、傳統工藝等多模態資源庫建設和跨模態應用示範工作。這次與内蒙古人民出版社合作出版的《黄河國家治理文獻集成》，旨在梳理和總結文獻中所藴含的歷史經驗和文化信息，爲當代及未來的黄河治理和地方文旅産業發展提供參考與借鑒。

感謝内蒙古民族文化産業研究院、巴彦淖爾市圖書館等单位的傾力相助，感謝内蒙古自治區黨委宣傳部、内蒙古出版集團、内蒙古人民出版社對本項目的支持與幫助。

在此，也向致力于黄河治理和大河安瀾的歷代先賢與當代典範表達崇高的敬意：你們的不懈努力與無私奉獻，爲黄河的安寧與人民的福祉築起了堅實的防綫；你們的智慧與勇氣，將永遠銘刻在中華民族的歷史豐碑上，激勵後人不斷前行。

董杰

二〇二五年一月